SMART INTERIOR DESIGN

漂亮家居編輯部 著

屋主都說讚!
超心機好設計

超乎想像的實用空間巧思全面集結, 用妙招搞定惱人的居住細節

Content 目錄

Part I

一物多用！避免精心設計都白搭 -----------------------006

白搭狀況 1 ▶ 空間功能太單一，花錢根本白設計

白搭狀況 2 ▶ 各種空間瘋狂要，沒用到就不太妙

白搭狀況 3 ▶ 廚衛隨意挪移，金錢瞬間挪移

這樣做最划算！高坪效機能設計 IDEA

+ 既省事又省空間創意，用這招就對了!!

+ 適切的多工細節，小地方也能滿足需求

+ 釋放廚衛空間限制，坪效立即倍增

Part II

對的功能！才能有方便的使用效果 --------------------044

不便狀況 1 ▶ 當心美感造型，成為整人設計

不便狀況 2 ▶ 電線插座亂走，帶來安全隱憂

不便狀況 3 ▶ 家裡機關重重，使用煩惱多多

小創意大驚奇！超方便機能設計 IDEA

+ 減一分太少增一分太多，剛剛好的機能小妙計

+ 因應生活上的特殊需求，創意巧思不可少

Part III

搞定收納！家裡空間自然放大 ----------------------------086

啊雜狀況 1 ▶ 需求沒抓對，運用大受限

啊雜狀況 2 ▶ 畸零小空間，做對才實惠

啊雜狀況 3 ▶ 櫃子做滿做好，惹來一堆煩惱

好收好用還省空間！大收納機能設計 IDEA

+ 收納空間這樣規劃，家才會整齊

+ 掌握細節，打造收納與舒適的雙贏效能鎮

+ 怎樣都好用 All-in-One 式收納設計

Part IV
聰明選材！讓環境常保乾淨整齊 --------------------126

費事狀況 1 ▶ 裝潢線條太瑣碎，打掃起來有夠累

費事狀況 2 ▶ 白瓷玻璃亮晶晶，污漬可真不好清

費事狀況 3 ▶ 立體設計好高雅，問題一堆你會怕

毫不費事！好整理機能設計 IDEA

+ 最省事！一勞永逸的空間規劃

+ 選對居家材質，室內清爽不卡污

+ 用居家風格，打造無印清爽生活

Part V
實用規劃！用簡單形塑家的好風格 -----------------168

燒錢狀況 1 ▶ 毛孩設計屋好紅，當心中看不中用

燒錢狀況 2 ▶ 家裡太繽紛，心情亂紛紛

燒錢狀況 3 ▶ 樑柱過度包覆，空間無形蒸發

高 CP 值極簡應用！零裝感機能設計 IDEA

+ 兼顧機能與維護的創意小設計

+ 著重理性與感性的居家風格術

+ 卸除過度包裝，極簡高機能應用

Designer 設計師 ---204

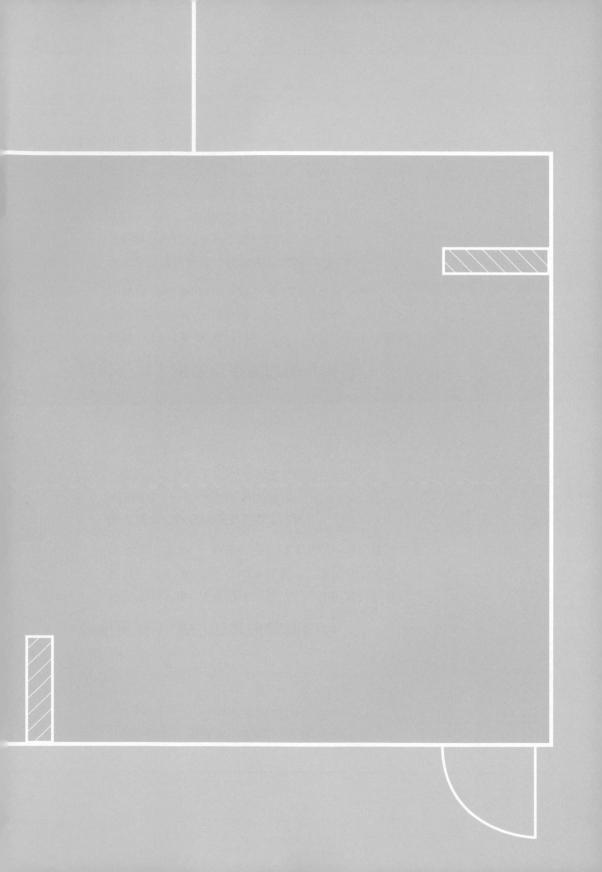

PART I

一物多用
避免精心設計都白搭

PART I NG

01 空間功能太單一，花錢根本白設計

沒算好高度，酒杯好收不好拿啊！

桌簷深度不對，一點也不好坐

圖片提供 @ 爾聲設計、繪圖 @ 黃雅方

Solution

刻意打造的吧台看似有氣氛，其實很少使用

　　許多屋主喜歡在客廳一隅規劃簡單的吧台，實際上對家有老小寵物的多人家庭，或長時間在外的上班族群而言，這區塊並不常被真正使用到，若沒有正確精算檯面、椅座高度與尺寸，更容易因不好坐、不好待而成為用來堆放雜物、累積灰塵的 NG 角落。如果能有複合性的運用，則可以增加居家坪效，像是設計將吧台與餐桌結合，週邊作出適當的酒藏收納，既可以是全家人分享用餐的園地，也能偶爾作為夫妻倆小酌談心的空間，一舉數得。

02 各種空間瘋狂要，沒用到就不太妙

雨傘外套該怎麼放？

圖片提供 @ 分寸設計、繪圖 @ 黃雅方

Solution

玄關櫃須有開放設計，物件才好收整

　　玄關可説是銜接內外的重要核心區域，只要缺少一氣呵成的動線，就會造成居家生活的諸多不便。玄關的收納設計也決定了入口處的整潔度，缺乏完善規劃的玄關收納，可能造成鞋子、雜物亂擺的 NG 情況，往往也給訪客留下負面印象。因此除了在設計上要配合住家整體面積外，玄關鞋櫃置物櫃的機能也不能小覷，有櫃門式的收納櫃能簡化立面線條，開放式的櫃體則能便於快速收整，在設計上如果能穿插應用將更能切合玄關空間的動線所需。

PART I NG

03 廚衛隨意挪移，金錢瞬間挪移

嗚……當初花好多錢把廚房移進客廳，現在得花更多錢做油煙排放處理啦！

圖片提供 @ 唯光好室、繪圖 @ 黃雅方

Solution

廚房改造
需視水電路作考量

不少人在做房屋改造規劃時，把開放式的廚房列為第一改造目標，卻往往忽略了廚房、衛浴這類空間牽動了水線與電線，不僅費時耗工，過程中處理得不好更可能造成日後水管漏水的疑慮。而廚房抽油煙機安裝的好壞會影響吸煙的效果，特別是中島式廚房開放空間下，排煙系統沒有作好，就很可能引發室內油煙四溢的問題，抽油煙機距離爐口以70-90公分為最適高度。施工時也需儘量縮短排煙管線，才能強化排煙效果。

屋主都說 讚 👍

這樣做最划算！
高坪效機能設計 IDEA

既省事又省空間的創意，這樣做就對了！

People Data

屋主 許先生
家庭成員 夫妻
說讚好設計 電器櫃

好讀分析

質感
動線　　收納
CP值　　採光

01 輕量感機能，打造透亮大空間

　　格局還算方正的 25 坪住家，僅針對較為原始較為狹窄的衛浴、廚房空間進行調整，換取屋主期待的開放式大餐廚，即便在廚房旁另闢出獨立的儲藏空間，公私領域的機能也一點都不馬虎，訂製櫃體可多樣收納，又能保有空間的通透與採光延伸。

圖片提供 @ 合砌設計

1 趣味色塊木盒創造多元收納：玄關以木工訂製出如盒子般的櫃體設計，正面部分可收納衣帽、鞋子，最下方的開口則放置室內拖鞋或常穿的鞋子，中間的小抽屜擺放信件或鑰匙，灰色、黃色色塊以及穿透玻璃分隔設計，降低木作的沉重感，背後更預留溝縫作透氣功能，甚至櫃體上方也充分利用高度規劃小型儲藏室。

2 布質拉簾取代門片更輕盈：主臥房內為了達到極大化的收納，規劃出整面大型衣櫃，上方櫃體可收納床單、棉被等等，中間開放部分搭配吊桿使用，最下方則是抽屜式設計，特別的是以布拉簾取代固定式門片，降低櫃體的壓迫感。

People Data

屋主 林先生
家庭成員 夫妻
說讚好設計 門片、地板、
儲藏櫃

好讀分析

02 隱形機能設計，小家空間更開闊

　　一房一廳的格局規劃，雖然對夫妻倆來說還算充裕，然而他們也希望朋友、家人來訪時能擁有舒適的聚會空間，甚至還能留宿。因此將臥房隔間打開，運用玻璃折門、架高地板方式，結合升降桌面的設計，發展出可用餐、休憩，也能作為臥舖的彈性空間，而空間也因為少了隔間更寬闊。不僅如此，小空間的入口還隱藏了二個儲藏櫃、鞋櫃，臥房亦有大面衣櫃可使用，甚至可從牆面拉出穿衣鏡，將收納發揮得淋漓盡致，無須因空間小就得委屈。

圖片提供 @ 合砌設計

1 架高延伸用餐、臥舖、休憩功能：由於居住成員僅有夫妻倆，加上期盼能擁有客房的機能，因而將臥房隔間拆除，並藉由架高地板的延伸設計，創造休憩、用餐、客房等多元用途，兩者之間以長虹玻璃折門做出區隔，可因應需求彈性調整空間感，也給予較獨立的冷房效果。

2 貨櫃門片把收納變不見：看似毫無櫃體的空間當中，其實隱藏了看不見的收納細節，玄關入口與客廳之間的轉折處，獨特的藍色貨櫃門片內就是實用的儲藏櫃，行李箱一推就能收，另一側也包含了鞋櫃、儲藏櫃，所有生活雜物都能收得乾淨俐落。

3 貼心機能的神奇隱身術：利用電視牆體的厚度，巧妙將穿衣鏡、窗簾完美隱藏起來，一點也不佔空間，窗簾可以增加臥房的私密性，而穿衣鏡更是兩側都能使用，十分便利。

People Data

屋主 楊姓屋主
家庭成員 老奶奶、夫妻、假日探訪的兒子一家 4 口
說讚好設計 3 間儲藏室及和室

好讚分析

03 雙面動線提升空間效能

　　由於這個空間承載了一家三代的成長記憶，因此身為孫子輩的委託人楊先生想把對這空間的美好，再傳承給第四代，於是請設計師在不影響老奶奶的生活機能下，重新規畫。顧及平日空間裡多為高齡者活動，因此全室採無障礙設計，並利用雙面櫃牆、架高地板及雙動線設計，讓空間呈現清爽明亮兼強大收納機能。

圖片提供 @ 構設計

空間質感 👍

半屏書桌兼沙發背牆界定場域：
為使陽台採光進入室內，公共空間採開放式設計，也讓視野延伸，放大空間感，像書房區桌面作為沙發背牆，利用地面架高區作為椅子且具收納功能。

採光 👍

玄關雙面櫃體，鞋櫃兼電視機櫃：為避免開門即見客廳的視覺尷尬，因此一進門設計 4 米長的雙面櫥櫃，面向大門為鞋櫃，迎向客廳為電視櫃，並設計木作鏤空門片讓機櫃散熱透氣。而雙動線的玄關設計，不僅有阻擋效果，動線更流暢。

收納 👍

兒童遊戲間的超強收納和室 ：因應孫子一家四口回來用餐或探訪時，能有一處休憩場域及曾孫的遊戲場所，將和室木地板墊高，下方可收納，牆壁可放置衣物，可升降和室桌可泡茶。

People Data

屋主 廖先生
家庭成員 夫妻 2 人
說讚好設計 中島區與儲藏室

好讚分析

04 用櫃體轉換空間，看不一樣的風景

即將結婚的廖先生及廖太太，在三峽買下這間 35 坪三房兩間的新成屋來打造新房。喜歡北歐風格的他們，對空間機能要求有玄關屏風、開放式大餐桌、中島及吧檯區域以及強大的收納機能及儲藏間，為此設計師保留自然採光及公共區域的開闊感，讓收納兼具造型，並利用櫃體作為空間的轉換，使室內每個地方都具有其存在的價值及意義。

圖片提供 @ The Moon 樂沐制作

空間質感 👍

1 畸零地化繁為簡創造彈性空間：因應屋主要有儲藏空間，因此利用玄關一進門左手的客廳畸零地，與中島區作一造型的連結，並把儲物空間及電箱隱藏入內。

採光 👍

2 黑玻門片透光至更衣室：利用主臥的畸零空間設計一間更衣室，並運用黑玻材質，讓主臥光線得以進入。並將更衣推拉門片寬度與主臥浴室門片相同，方便收闔在同側，不會突兀，且主臥浴室門把更利用一梯形木條嵌入，讓視覺一致。

收納 👍

3 巧妙手法提升櫃體機能：將緊鄰客廳的小臥房轉變為開放式的餐廳區域，並用雙面開放的展示櫃作為兩區域的分界，擺放女主人最愛的長頸鹿公仔或玩偶，並將櫃內的左右側板做斜面設計，讓櫃體從客廳及餐廳望去視覺不同。

People Data

屋主 陳先生
家庭成員 夫妻＋即將加入
的孩子
說讚好設計 電視櫃

好讀分析

05 **多彩設計創造** Lifestyle **個性生活**

　　為了準備迎接即將出生的寶貝，屋主陳先生和太太買
下這間四房的住宅，由於原始屋況還算方正，加上採光理
想，一方面也是因為倆人對於北歐風格充滿嚮往，因此設
計師便決定以降低硬體、提高軟件與家具配比的北歐居家
概念為著手。

圖片提供 @ 北鷗設計

1 **活動家具、傢飾讓生活更彈性**：簡單俐落的北歐風格，提高軟件傢具比例，粉嫩的雙人沙發搭配藍色單椅，另有經典 TOGO 沙發，讓屋主可隨人數、用途彈性移動組合，為空間創造趣味豐富表情。

2 **多彩復古邊櫃型塑北歐氛圍**：邊櫃是北歐風格最不可或缺的裝飾角色，從玄關到客廳的過道上，選搭一件有著鮮豔色彩點綴的櫃子，並以木頭材質掛勾突顯隨性生活感。

3 **自由組合書架兼具展示功能**：北歐風格精髓在於「適切留白」，開放式書房以 string furniture 系統層架取代帶量木作櫃體，可隨心所欲重組、變化，打造專屬的書架機能模式。

21

屋主 江先生、江太太
家庭成員 夫妻＋3小孩
說讚好設計 多功能的電視收納術

好讚分析

o6 旋轉 x 跳躍 x 隱藏，電視無極限變化

大人平時喜歡追劇，小孩早餐也要看益智學習節目，生活少不了電視的一家人，不僅在客廳、餐廳都要電視相伴，就連臥室裡也一定要擁有一台 TV，設計師在公共空間中讓電視變成可以旋轉的，並且偷偷把電視機給藏進衣櫃裡！

圖片提供 @ 福研設計

1 如旋轉門般的電視櫃：考量到屋主喜歡沙發後面能緊鄰窗戶，使客餐廳有充足的自然光源，把電視牆設計成旋轉櫃，多面使用而不阻擋光線。

2 擁有 **360** 度收納都 **OK**：可旋轉的電視櫃擁有強大的收納機能，背面能放置雜誌刊物或裝飾小物，側面可收納 CD，盡可能使用所有空間。

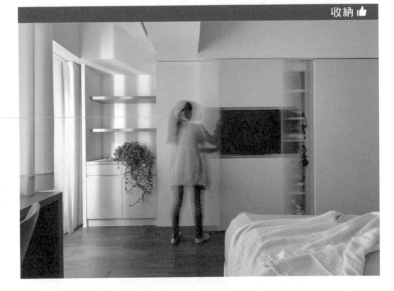

3 在衣櫃裡的睡前娛樂：把超薄的電視機嵌入衣櫃的門片當中，把電視線路和機器設備全都收得乾乾淨淨，不佔用多餘空間又能滿足屋主需求。

People Data

屋主 蔡小姐
家庭成員 一人
說讚好設計 臥房隔間、收納

好讀分析

質感
收納
動線
CP 值　採光

07 複合多工機能，打造無印木色陽光宅

一個人的 15 坪居所，喜歡看書勝於看電視，需要有張大桌子可以處理工作、用餐，偶爾又面臨父母探望須要過夜的需求，藉由傢具整合、空間的彈性規劃，客餐廳以中島矮櫃區隔、看似客廳卻又能小憩且當客房的設計，讓家不再受限坪數，一個人、家人團聚都好用。

圖片提供 @ RND Inc.

1 **T字牆面拉出空間軸線：**從大門拉出一道T字牆面，創造出半開放獨立的玄關、廚房領域，同時更收整冰箱、鞋櫃與電器設備收納，一方面也以磨石子地材規劃於玄關、廚房，以便灰塵與油煙的清理，廚房內一併安排洗脫烘設備，將唯一的陽台回歸單純的景觀用途。

2 **ㄇ字框架包覆溫馨睡寢區：**原有建商配置是將樑下設定為衣櫃，然而空間有限能收納得並不多，於是設計師改為讓床鋪規劃於樑下，並透過特殊的ㄇ字形框架做出包覆，既修飾大樑也帶來更豐富的儲物機能，另一側較寬的牆面就能創造更大的衣櫃容量。

3 **榻榻米地材創造彈性生活型態：**15坪的空間若再規劃客房勢必感到狹窄，客廳區域捨棄沙發、茶几，並採用榻榻米材質鋪設地面，讓這一區域既可以是休憩、客房，也能隨性坐臥看書。

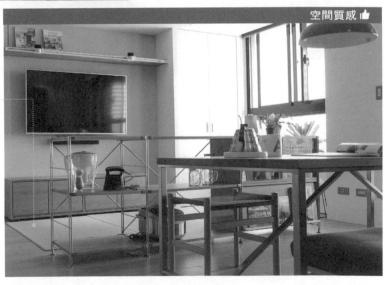

屋主 王先生
家庭成員 夫妻
說讚好設計 多功能書桌

好讚分析

質感
動線
收納
CP 值
採光

08 雙軸線 多功能，空間機能多兩倍

　　17 坪的小空間擁有邊間的優越地理環境，卻因為不當的隔局，使得採光通風不佳，也讓住在這裡超過 10 年之久的王先生及王太太決定大改造，找回以往居住的舒適感。因此設計師順應空間基地的向陽面，導引出兩條軸線的概念，發展成一為生活軸線，另一為視覺軸線，還給家人健康地享受居家的美好時光。

圖片提供 @ 尤噠唯建築師事務所＋聿和設計

採光 👍 空間質感 👍

機能 👍

1

玻璃屋廚房讓光源入內：還原陽台功能而
將廚房內縮回室內，並以玻璃屋形式，讓
陽台自然光源從廚房進入室內，並與客廳
採開放式玻璃拉門設計，擴大公共視覺感，
也是空間端景。

2

多功能長桌化解柱體 ：雖說屋主不需要餐
桌，但考量屋子中央正好有根結構柱，因
此發展成長桌，成為過道餐桌表現，同時
也是工作檯面，並提供沙發區的穩定背靠，
也是東西向的視覺軸線中介。

27

機能多元化的架高和室：原兩房改為一和室及一臥室。和室拉門關上可兼做客房使用，平時打開拉門，則與客餐廳和而為一，讓 17 坪的室內空間在視覺上及使用機能變大且多元化。

三段不同高度地坪區隔場域：三段不同高度的地坪規劃，依序作為客廳、走道、書房兼客房的區隔，引領視覺穿透三區，構成一條筆直的視覺主軸。

People Data

屋主 王先生
家庭成員 夫妻
說讚好設計 和室及廚房

好讚分析

09 一石二鳥，是樑柱也是櫃體

　年輕夫妻買下這間 17 坪小宅便一直居住，直到近日才發現因為堆積太多物品，而使得生活品質急速下降，而想找設計師幫忙，透過開放式設計及整合規劃，還原邊間採光優點，並把房中的樑柱劣勢變優勢，17 坪小宅也能擁有 34 坪收納空間。

圖片提供 @ 尤噠唯建築師事務所＋聿和設計

收納 👍

1 **主臥偷移 60 公分建構大衣櫃** ：在調整空間格局時，將主臥往和室偷偷推移 60 公分，多出衣櫃空間，滿足主臥收納機能。並將唯一客浴改為從玄關或主臥進出，使用更便利。

2 **收納地下化，釋放更多空間**：透過架高木地板區分公私區域，並把地板下空間全拿來做收納，滿足機能，例如將和室地板切割四大收納格，方便大件家用品放置於此。

3

玄關串聯電視櫃及電器櫃牆：玄關收納櫃一路串連至電視櫃牆至廚房電器櫃接續，提供三區—玄關、客廳、廚房等收納機能，同時也修飾老公寓的大樑柱問題。可活動的電視門片更能營造空間不同面貌。

People Data

屋主 X 先生
家庭成員 夫妻
說讚好設計 彈性客房

好讚分析

質感
收納
動線
採光
CP 值

10 一屋兩用，空間坪效瞬間躍升

　　屋主為 50 歲的高階主管，買下位在內湖郊山的 30 坪中古住宅，希望規畫成退休時與妻子居住的空間。對於空間的想望，除了因喜歡乾淨清爽的感覺，所以偏好在空間裡呈現白色穿透感氛圍，同時顧及未來與好友聚餐或孩子留宿的問題，能在有限空間裡再規劃出一間房間。

圖片提供 @ 潤澤明亮設計事務所

採光 👍 空間質感讚 👍

1 用自然光源在純淨色系鋪陳通透質感：大面的白讓空間沒有複雜元素，以顏色、線面與燈光鋪陳出空間的通透質感，而純淨的色系更透過自然光線映照，在視覺上完全舒展開來，成功營造北歐簡約的空間溫度。

2 冷白與暖灰中和，木質跳色吸睛：調整廚房位置，讓動線更加順暢，並以島及餐桌改造為開放式，方便迎賓聚會。從空間至家具以純白為主，因此搭配特殊壓克力桌腳的木質餐桌及暖灰地毯成為空間搶眼跳色，中和白色的冷。

機能 👍 採光讚 👍

3 加大採光窗引進光源：為增加主臥的使用空間，將冷氣孔與原窗整合加大，大量引進自然光源，使空間明亮及通風，並利用窗邊樑下做收窗台收納空間，增加機能。

收納 👍

4 活動門片規畫彈性客房：透過格局重新鋪排，將原3房改為2房，客廳相連的客房，更以活動式門片取代實牆，其「形隨機能」的表現方式，除了延伸視覺尺度與坪效外，也構築符合需求的生活場域。

釋放廚衛空間限制，坪效立即倍增

屋主 孔先生、孔太太
家庭成員 夫妻＋2孩子孩
說讚好設計 型隨機能的摺疊設計巧思

好讚分析

10 空間、機能合一的串聯之家

　　孔先生和孔太太為迎接即將到來的退休生活，決定重新裝潢老房子，幫全家人都換一個「新家」！由於平面面積相當有限，設計師率先把廚房從密閉的格局釋放出來，讓公共空間更加開闊，並調整樓梯位置，透過一筆畫的設計「摺」學，讓家具與空間合而為一，所有機能全都互相串聯了。

圖片提供 @ 福研設計

1

一筆從廚房「收」到客廳：從主臥室的木門面開始，延伸至天花層板設計、廚房餐桌兼吧檯、客廳書桌，再變身窗台座椅，每一次的轉折暗藏不同機能。

2

樓梯每面收納不浪費：樓梯調整位置重建，擴充底部兩階與電視櫃結合，利用樓梯下方的畸零空間規畫大同寶的寶收納展示櫃和主臥室內的衣櫃。

機能 👍 空間質感 👍 收納 👍

3

神明桌也收得好漂亮：將神明桌和收納櫃相結合，圓形的鏤空設計和色彩使用，作為客廳的亮點，活動拉門成為玄關與客廳的彈性分野。

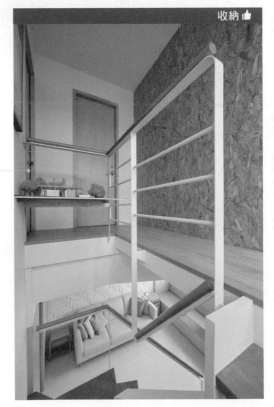

收納 👍

4

扶手生出模型伸展台：屋主的兒子就讀建築系，在樓梯的扶手的頂端設計一個模型展示檯面，讓他陳列作品，創造梯間的迷你藝廊。

屋主 Zinger 先生

家庭成員 2 人妻

說讚好設計 整合次臥與客廳、開放式廚房與吧台

好讚分析

質感
收納
動線
採光
CP 值

12 空間與空間串接，玩出生活新可能

　　業主本身是位廚師，思考空間時，便期盼能有個機能完備且符合使用習慣、動線的廚房設計，此外，原空間本為 3 房，但實際使用比例不高，於是一它設計 i.T Design 將空間重新調整，空間改以廚房作為核心，並透過開放式手法讓空間做一串連，不但公共區域的使用動線變得流暢，合而為一的臥榻與沙發，既能滿足平日居住的需求，偶爾親友來訪，也能提供一處舒適的休憩環境。

圖片提供 @ 一它設計 i.T Design

1 有方向角度的做串連延伸：延續廚房吧台、沙發的斜角設計，客廳電視牆同樣也用了傾斜手法，一來能彼此呼應，二來也創造視覺的變化。此外，電視檯面也從室內延伸至室外，加深空間尺度，也讓室內外更無界線。

2 無形的空間界定設計：客廳與次臥緊鄰，設計者以開放式手法處理，將兩空間串連在一起，沙發靠背立起與平放之間，形成一無形的界定設計，立起時形成獨立的兩空間，平放後則以形塑出一完整的場域。

3

料理吧台成為空間核心：一改過去餐廚空間使用不順手問題，透過開放式手法處理，整合相關家電、料理等設備，此外還將料理台與餐桌吧台做一延伸，人口單純時使用很合宜，多人加入也不感覺擁擠。

People Data

屋主 張先生、張太太
家庭成員 夫妻＋ 2 小孩妻
說讚好設計 細長櫃讓收納更
靈巧

好讀分析

13 拒絕被科技綁架的獵人小木屋

　　張先生和張太太有感於現代人被科技所綁架，希望家人或親友來到家裡能放下手機，享受相伴時刻，遠離世俗喧囂，打造沒有電視機的客廳，以灰色系的材質營造寧靜氛圍，實木拼貼的天花板和壁爐喚起置身小木屋裡的那股溫暖與自在；設計師在角落創造平面空間，達到視覺延展的同時也把畸零空間轉化為收納的好所在！

圖片提供 @ 合風蒼飛設計工作室

是衣帽櫃又是投影布幕：地下停車場的樓梯上來後，可直接把外套掛在白色吊櫃裡，門片可沿著軌道推至客廳，作為投影布幕來觀賞電影。

長櫃與木板拉長空間：玄關櫃自客廳延伸至廚房成長櫃可收納小物，上方也展示屋主的品味收藏，長櫃和天花板的木材走向，將空間瞬間拉長了！

People Data

屋主 唐先生
家庭成員 夫妻＋一女
說讚好設計 牆面設計

好讚分析

質感
收納
動線
採光
CP 值

14 貼近生活的白淨北歐宅

　　年輕新潮的夫妻倆，對於空間的接受度很高，不愛過去塞滿櫃體的設計，希望以北歐生活感為主軸，給予設計師極大的發揮空間。以純淨的白為主軸，機能設計也予以簡化，並置入展示意義，讓屋主透過生活累積轉化獨有的品味。

圖片提供 @ 北鷗設計

2 **美型收納櫃是隔間也是書牆：** 大量留白的公共廳區，客餐廳之間捨棄制式隔間，餐廳主牆則是鏤空展示層架取代沉重櫃體，兼具書櫃、展示等機能，亦能彈性變成隔間的運用。

1 **衣服隨意掛就有生活感：** 以格狀鐵件屏風圈劃而出的玄關空間，相較做滿鞋櫃的方式，設計師保留一側利用開放式衣桿作為外出衣物的收納區，搭配一張椅凳，讓空間多了生活感。

3 **展示型吊櫃創造生活風景：** 開放式的中島廚房，除了以幾何黑白磁磚拼貼獨特亮點，面對廳區的島檯上方也訂製結合照明的雙層吊櫃，讓鍋具收納巧妙成為生活展示。

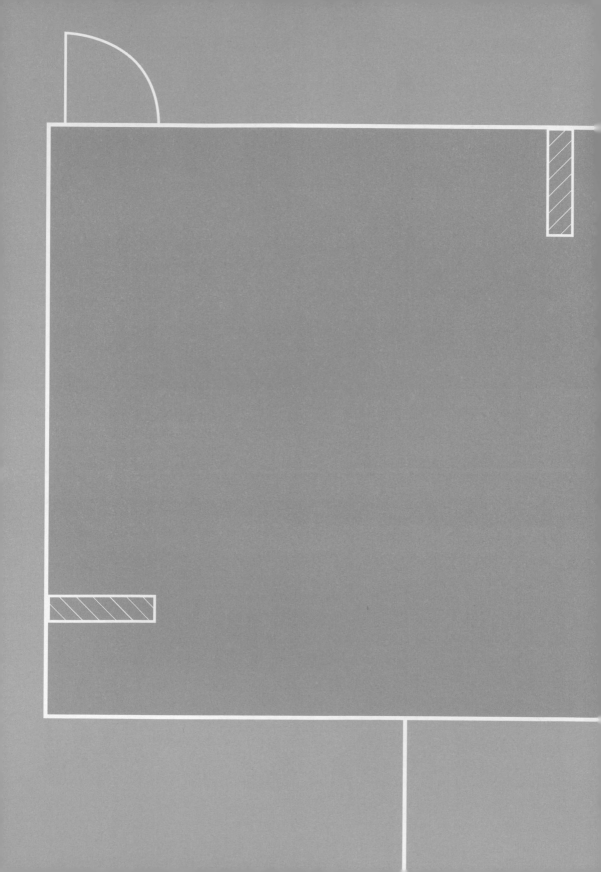

PART II

對的功能
才能有方便的使用效果

PART I NG

01 當心美感造型，成為整人設計

究竟，我的房門鑰匙擺在哪格抽屜了呢？讓我們繼續看下去。

圖片提供 @ 福研設計、繪圖 @ 黃雅方

Solution
收納櫃體，
需要針對需求作設計

　　許多家庭喜歡設置廣大的收納空間以收整龐大的雜物，更為了造型式樣好看選擇大小規格一致的格櫃、抽屜櫃，卻忽略了東西尺寸大小各有不同，還是需要針對需求設計所需要的櫃體，同時櫃體的位置也應依習慣做順手的收納，例如經常使用的鑰匙，可以置於玄關平台或玄關抽屜內；大型收納櫃體以屋主身高作參考，舉手高度以上及腰部以下位置可作大型櫃放置少用物件、頭部至腰部高度則可設置常用物件收納，包括各式小抽屜等。

02 電線插座亂走，帶來安全隱憂

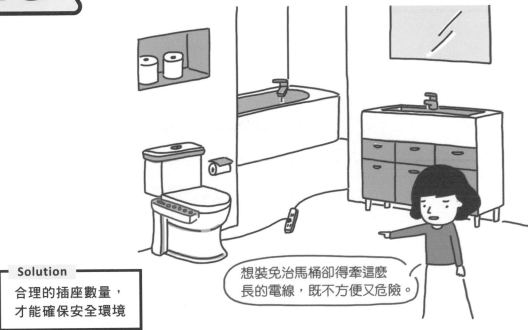

想裝免治馬桶卻得牽這麼長的電線，既不方便又危險。

Solution

合理的插座數量，
才能確保安全環境

　　總是在實際居住後才發現插座不敷使用，事實上空間中電線插座的安排，需要考量屋主生活習慣，除了固定家電之外，因應季節、個人需求、未來可能增加的配備皆規畫進去，一般室內空間則以「對角線配置」為大原則：在固定空間中前、後、左、右固定配一組，總共 8 個插孔，再依特殊需求做增加。

居家用電插座區域配置表

空間	玄關	客廳		餐廳				
設置位置	玄關平台	電視櫃	沙發背牆	餐櫃	餐廳主牆	中島爐台	餐桌下方	出菜台邊
數量 / 組 （每組 2 插孔）	1~2	3~4	2	1~2	1	1~2	1~2	1
備註	玄關櫃內、客廳展示櫃若有照明或除濕棒等需求則需增加，沙發左右考量壁燈、季節性電扇暖氣等需求增減。							

空間	廚房				主客臥／兒童房				衛浴	
設置位置	電器櫃	冰箱	流理台	排油煙機	床頭	衣櫃下方	梳妝台	書桌	洗手檯	馬桶
數量 / 組 （每組 2 插孔）	3	1	2	1	2	1	1	2	1	1
備註	電器櫃需設置獨立迴路預防電不足。				書桌依電腦、影音設備需求增減，若有獨立書櫃則需增加。					

03 家裡機關重重，使用煩惱多多

> 多功能傢具雖然省空間，但這樣也太危險了!!

圖片提供 @ 福研設計、繪圖 @ 黃雅方

Solution

多功能傢具需考量安全性及日後維護的便利性

　　不論房子的坪數大小，許多屋主都喜歡設置各種多元變化應用的傢具，一方面 CP 值高，一件抵三件，另方面總覺得多出的空間可以有更多彈性應用。但事實是許多居家傢具設備看似一物多用，但實際使用則可能因便利性、後期維護性等問題反而少用，更有些設備看起來功能多多，卻可能暗藏使用上的危險性，不論挑選怎樣的多工設備，購買前都需要確實了解五金的使用狀況與維護年限，反覆測試手感及取用方式，如果高價購買後卻只用到單一功能，反而因小失大徒增生活的不便。

屋主都說 讚 👍

小創意大驚奇！
超方便機能設計 IDEA

減一分太少增一分太多，剛剛好的機能小妙計

People Data

屋主 張先生
家庭成員 一人
說讚好設計 廚房牆面

好讀分析

質感
收納
動線
CP 值
採光

01 小空間機能大無限，在家也能舒服順手的工作

　　坐落於依山傍水的新北紅樹林住宅，以一人居住的生活型態做為配置，既是家，也是在家工作的場所，因此屋主希望能超越一般居家樣貌。空間規劃上讓工作桌、餐廚達到完美結合，一張大書桌滿足工作與餐桌機能，也重組屋主真正的使用型態。

圖片提供 @Kc Design Studio 均漢設計

1.

松木孔洞是通風也是實用收納：玄關入口選用自然松木材質打造收納量體，上方賦予的孔洞設計，不僅僅是提供良好的透氣通風效果，只要加上橫桿配件，就能吊掛包包、雨傘等物件，既實用也多了一點生活感。

2.

三角旋轉餐桌兼具書櫃：以書桌作為餐桌概念取代多人聚餐的餐廳，藉由桌面到地板寬至窄的平行式移轉，呼應交會主題，並創造出旋轉動感的視覺變化，同時賦予收納書籍的功能。

People Data

屋主 劉先生
家庭成員 夫妻
說讚好設計 ㄇ字型胡桃木天壁

好讚分析

質感
收納
採光
CP 值
動線

02 貼心設計，貓與家人都樂活

25 坪的中古屋改造，主軸圍繞在以貓咪為主的設計，由於貓咪喜歡在很高的地方走動，也習慣進出每一個房間，所以公共廳區利用木平檯、隧道洞穴、層板跳檯等規劃，讓貓咪可隨性跳躍玩耍，房門部分也為貓咪增加圓形小房門，就能自由進出臥房。

圖片提供 @ RND Inc.

1 天花走道，打造貓咪樂園：客廳上端以木作平檯勾勒出貓咪的天花板走道，圓形洞穴內更隱藏隧道，讓貓咪能自在走動玩耍，同時

2 活動小門讓貓咪暢行無阻：每道房門皆加入黃銅船窗改造的貓洞，貓咪就能自由進出每個房間，而金屬質感也與整體風格極為協調。

3

黑鐵窗景創造良好通風：女屋主專屬的音樂室隔間特別採用黑鐵窗框，搭配鋼絲玻璃，透過大半時間維持開啟的狀態，有助於屋子的前後空氣對流，亦成為屋內的立面風景。

4

用色彩陳述空間個性：橘色房門則是設計師手工刷漆，回應屋主對於色彩的喜好，同時也強調了自然不造作的精神。

家有寵物不可不知的設計眉角

寵物空間的設計與寵物類別息息相關，以常見的貓狗來說，空間可依喜好習性創造有趣且具機能的細節，毛小孩們住得舒適，自然也能大幅減低飼育方面的問題。

材質與傢具選擇

可觀察毛小孩的屬性，長毛類寵物需要較乾燥、通風或有良好空氣循環的環境，最好選擇光滑面材質以便於清理，家裡吸塵器、掃地機器人及空間清淨機等也須視情況加添，以照顧全家的呼吸健康。傢具的部分則儘量避免選擇籐編、皮製材質沙發，容易受到寵物爪子撕咬而毀損，貓咪喜歡磨爪，可以視空間設計貓抓柱，一來能避免亂抓，二來也能增添趣味性。

打造毛小孩愛窩

在家中為寵物設計專屬空間，能增加寵物個性的穩定度及歸屬感，同時養成規律的習慣，然而設定家中貓狗小窩位置，需要思考到牠們如廁的動線及便利性，最好要避開家人走動的位置，小窩的材質選擇自然材質較佳，如竹編、木皮等，

可在小窩內放置毛孩喜歡的毛毯、玩具，要創造寵物喜歡待著的小空間，一定要有保暖、遮蔽的機能，才能建立寵物在空間中的安全感，進而對於自己的領域有所認定。

人與寵物皆開心的空間

掌握寵物的喜好特性及優缺點來設計空間，才能讓住在同一屋簷下的人與寵物都能皆大歡喜，以狗狗來說，經常容易一有風吹草動就吠叫習性的，就要設計不易受打擾、驚嚇的睡窩區域，針對狗狗需要天天洗澡清潔的需求，衛浴空間也要有相對應的機能，如設立沖澡區、乾濕分離等。至於貓咪則有喜歡待於高處、好爬高、愛處處探索的性格，家中設計空中貓道、小門等，都能帶來無限趣味。而寵物排便空間也要注意通風及清理的便利度，才能將室內異味減到最低。

舒適的睡眠空間、暢行無阻的動線和適度的玩樂都是貓咪生活空間中不可或缺的機能。圖片提供 @ 木介空間設計

People Data

屋主 呂小姐
家庭成員 二人
說讚好設計 客廳、陽台

好讚分析

03 人窩、狗窩，通通好好窩！

　　屋齡 30 年的老屋，原有格局陰暗狹隘，如何改善光線問題，加上賦予從事烘焙的屋主一個寬敞的餐廚，成為設計關鍵。經過陽台的回復、大面落地窗景，以及無阻隔的開放動線，光線灑滿每個角落，除此之外，主臥房家具的選擇、毛小孩的任意小門規劃，讓狗狗們也能住得開心又舒服。

圖片提供 @ RND Inc.

1

半腰空心磚牆保有光線穿透：在老屋採光
受限的情況下，除了藉由格局調整找回陽
光，客餐廳之間也捨棄隔牆，採取半高的
空心磚牆，達到空間轉換，但又能讓光線
恣意游走。

2

清爽復古的白色衛浴：運用經典麵包磚打
造的主臥衛浴，透過格局調整後，享有
完整的四件式衛浴配置，由於選搭歐式浴
缸，考量排水孔的位置設計關係，因而將
浴缸龍頭規劃於中間，也避免與淋浴龍頭
並排，造成視覺上的凌亂。

3

人狗一窩好睡設計：主臥房規劃簡約溫馨，溫潤的木質傢具作主要配置，特別挑選的床架具有移動式抽屜收納，也可作為毛小孩的睡床使用。

4

毛小孩專屬任意門：為了讓家中毛小孩能從主臥房到陽台上廁所，利用隔間牆底部規劃一扇小門，狗狗就能自由進出，而不需主人幫忙。

People Data

屋主 陳小姐
家庭成員 1 人＋ 1 貓
說讀好設計 多功能客廳

好讀分析

質感
收納
動線
CP 值
採光

04 **與喵星人共築** 17 **坪英倫風**

　　愛貓的單身女屋主在買下這位在板橋市中心 17 坪房子後，便一直擱置，直到確定自己喜歡的 LOFT 風格，才開始找設計師協助，將原本的 2 房整併為 1 房 1 廳 1 衛的單身宅規劃：臥榻設計取代沙發、投影布幕取代電視牆櫃等，並以胡桃深色的穀倉拉門帶出英倫空間氛圍。

圖片提供 @ 澄橙設計圖片提供 @ RND Inc.

1 英式穀倉拉門取代實牆及電視櫃：
胡桃木色的英式穀倉拉門帶出 LOFT 風格，可開可闔，區隔公私領域。且因工作時間長的關係，屋主少看電視，但空閒時愛看電影，所以改由電動投影布幕取代電視機，搭配重低音喇叭裝置，及遮光窗簾，打造個人專屬的家庭影院。

2 L 形大臥榻，貓與人的親密空間：
客廳以臥榻取代沙發，下方可收納，上方鋪上軟墊可隨意坐躺，落腳處還貼心斜切內縮 45 角，成為喵星人通道或小窩。臥榻延伸至窗台，配置活動茶几，成為看書喝茶逗貓的好地方。

書櫃壁紙營造景深：在臥榻背牆貼上書櫃圖案壁紙，除了營造出空間的視覺景深效果外，也呼應慵懶輕鬆的 LOFT 風格。

3 整合冰箱餐櫥雙面櫃，隔間兼收納：
延伸衛浴間的牆面規畫整合冰箱的雙面櫥櫃，面向餐廳為電器兼餐櫥櫃，背面則為主臥展示櫃。客廳天花板保留水泥裸胚質地，餐廚天花則將空調及管線包覆壓低，也界定空間。

People Data

屋主 顏先生
家庭成員 夫妻＋二子
說讚好設計 玄關

好讚分析

質感
收納
採光
CP值
動線

05 用光與空間，創造親子同樂天地

　　原本看似平凡無奇的四房二廳新成屋格局，以親子互動同樂為空間主軸，將客廳後方的臥房以環繞式動線與廳區做串聯，並透過特殊的木窗框發展出遊戲平台、臥榻、收納櫃體等機能，多功能空間也因應收納箱尺寸做出精確的規劃，加上可彈性增加的門片等貼心概念，讓空間日後也能變成男主人的書房。

圖片提供 @ 爾聲空間設計

1 木窗框化身遊戲平台：客廳落地窗面規劃一面樺木打造的立體窗框，低矮的平台主要作為孩子與爸媽玩樂使用，同時也具有弱化建築鋁窗的效果，一方面也利用右側橫亙大樑衍生的高度，巧妙增加 8 個收納櫃體，深度皆達 40 公分左右。

2 預留尺寸，遊戲室變書房：這間多功能空間的終極目標是書房，目前雖然都是開放式設計，不過皆預留好裝設門片的規劃，往後都能變成封閉式書櫃，而下方則因應童趣收納箱，做出精確的尺寸設計，左側牆面則可彈性增加書桌使用。

3 45 度導角、抽屜收納讓機能更好用：木窗框平台一路由客廳延伸至多功能空間，發展出臥榻使用，窗框側面特別以 45 度導角設計，讓雙腳能舒適的斜靠，臥榻下的收納則調整為抽屜形式，推拉即可使用更便利。不僅如此，臥榻淺色木皮側牆內，也隱藏了收納櫃，並將弱電箱整理在內，讓畸零角落變實用。

 美感 👍 機能 👍 空間質感 👍

機能 👍

收納 👍

61

point 2

因應生活上的特殊需求，
創意巧思不可少

屋主 安先生、安太太
家庭成員 3 人
說讚好設計 隱藏式神明桌、
開放式廚房＋餐廳、架高
收納

好讚分析

o6 清爽白色，悉心收藏信仰

擁 40 年的老屋，原格局較為擁擠與陰暗，在打通廚房
後，從廚房檯面延伸出一餐桌，不但讓格局配置更為合
理，也能順利地在 21 坪大的空間裡塞下 3 間房。由於屋
主本身信仰關係，必須擺放神明桌，幾經思量後選定廳沙
發旁的位置，藉由櫃體和伸縮形式設計，將神明桌收於其
中，悉心收藏信仰，也讓設計得以延續。此外，屋主一家
有許多物品，瓦悅設計也竭盡所能配置櫃體外，也適時融
入架高處理，藉此爭取置物環境以滿足使用需求。

圖片提供 @ 瓦悅設計

1 **微幅調整改善老房子問題**：打通廚房實牆，並將檯面向外延伸與吧台串連，完整廚房、餐廳的設計，也讓家變得通透明亮。此外客廳中有兩道粗樑經過，天花板中加入斜角設計，讓空間有向上拉提的效果，加強空間寬闊性。

2 **設計讓信仰更接近生活**：因屋主個人的信仰關係，必須在家中配置神明桌，經過討論後，決定配置在客廳旁的空間，並透過設計成一隱藏形式，其中還輔以伸縮設計，整合神明桌、供桌等。

收納 👍 空間質感 👍

3

善用架高手法向下爭取收納空間：為了提升書房空間的收納量，設計者除了在空間兩側配有立櫃外，也在環境中納入架高手法，透過地坪處爭取收納空間，只要翻起掀板即可放置物品。

機能 👍 採光 👍

空間小，應有機能可沒少：主臥能獲得的坪數也不多，但者還是盡可能地在空間中配置各項機能，除了臥鋪、衣櫃等，也加設了個臥榻區，並結合化妝台設計，空間雖然小，但機能卻很齊全。

People Data

屋主 蕭先生、蕭太太
家庭成員 夫妻 +2 小孩
說讚好設計 風格電視牆

好讀分析

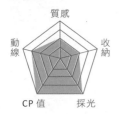

07 電視牆隔一半，空間立刻大兩倍！

　　由於屋主偏愛口味清爽的「工業風格」，設計師掌握基本的元素如黑鐵和磚牆，刻意添加木頭材質和不同層次的顏色，使印象中較為粗曠硬派的工業風，也能有溫潤的氛圍和細膩的表；夫妻皆為老師，因應兩人的閱讀習慣，把書房納入作為公共空間的一部份，滿足需求的同時也讓居家看起來更寬敞！

圖片提供 @ 子境空間設計

1 **一半的電視牆最剛好**：為求開放式的書房與客廳可互為一體，採用風化石仿火頭磚和深色木材，搭造只有 1 米 5 的電視櫃，光線來去自如，視野更通透。

2 **纖薄有強度的 3D 書牆**：立體形體的變化下，鐵件、木材與烤漆三種不同顏色與材料的書牆，輔以間接照明光線的搓揉，打造獨一無二的空間端景。

3

一曲收納「滑」爾茲：長約 3 米的書牆添加白色
滑門，將零碎的生活用品收得俐落，呼應櫃體的
黑白色調之餘，屋主也可自由調整櫃面風景。

4.

轉彎的玄關櫃收得巧：以玄關櫃作為玄關和客廳
的區隔，從壁面延伸至立面，收納的隔間有深有
淺，內部還能隨需求調整層板的配置。

People Data

屋主 賴先生、賴太太
家庭成員 夫妻
說讚好設計 看不到的地方最好收

好讚分析

質感・收納・採光・CP 值・動線

o8 榻榻米地板下的聰明小「洞」作

原本老家的客廳只有三張榻榻米，還有一條充當茶几的細長檜木，面對著綠意盎然的山景，念舊的賴先生和賴太太希望將簡樸自然的生活型態移植到新家當中，因此以「高原」為概念設計了架高的榻榻米客廳與隱藏電視櫃，部分老家具也都如舊復舊，在新空間中展現懷舊情懷；此外，因經常接待外國朋友，也貼心串連主臥和書房，以隔柵門作為私領域和公領域的彈性分野！

圖片提供 @ 日作空間設計

2

超薄型展示收納端景：鋼琴和唱盤架是男屋主工作必備器具，為避免該牆面因物件陳列而顯得呆板，加設薄型鐵片貼製木皮的長型展示層板，增添視覺美感。

1

裡外收放自如的中島：把客餐廳相互開放，納入遠山景致和自然光線，中島不僅可作為出餐和料理台，在外側是書櫃，內側是設備櫃。

3

環狀動線養成收納習慣：把中島和餐桌串聯，在進門後創造了環狀動線，相互平行的壁櫃在玄關、餐桌、中島至廚房等不同面向都有完善的收納空間。

機能 👍 收納 👍

4 **客廳從側邊收到下邊**：架高約20公分的榻榻米鋪設出客廳的位置，下方開放式的隔間放置室內拖鞋、NAS機台、無線網路等有線無線設備都整合起來；整面書櫃也用門片隱藏起電視！

5 **悄悄隱藏複雜的線條**：電視牆規劃以活動式收納門板呈現，簡化量體的存在線條，將屏幕悄悄隱藏起來，維持牆面的乾淨純粹，讓起居重心不再聚焦於視聽娛樂，回歸於生活的當下。

收納 👍

People Data

屋主 Calvin
家庭成員 夫妻 2 人
說讚好設計 儲藏室及全室收
納

好讚分析

09 斜面設計小細節帶來大安心

　　夫妻兩人從事食品業工作，因此對空間機能需求很講
究，包括要有玄關阻擋穿堂煞問題，以及要有儲藏室。而
且從小在美國生長的男主人 Calvin 一直喜歡美國懷舊的
復古空間感，但女主人卻喜歡在空間裡增添色彩，於是透
過光與木質的搭配，佐以復古元素闡述歲月痕跡，粗獷與
細緻的交織，形塑充滿溫度的生活場景！

圖片提供 @ The Moon 樂沐制作

 3

兼顧機能與實用的鐵件黑板牆：整面電視牆以復古紅磚砌築，並在上噴白色水泥砂灰營造粗獷感，以呼應天花的水泥仿飾漆料，而餐桌主牆以大小不同矩形鐵件黑板分格處理，除了是留言牆外，也遮蓋弱電箱。

4

斜面機能把手化解夾手問題：廊道隱藏各空間門片，以統一視覺感。但考量門片開闔時的 90 度斷面易夾傷手指頭，因此門片立面設計如山岳斜角面 45 度收邊，讓開闔時手指因門片坡度會慣性移動不易夾到，同時因突出接縫成為廊道由內望外的立體層次風景。

3

隔間、收納的雙面櫃體：因應老人家要求，要有玄關阻擋穿堂煞問題，因此利用雙面櫃體做隔間，除了是餐廳的餐櫥櫃、酒櫃及展示櫃外，在玄關更是鞋櫃、衣櫃及置物櫃，並用鋼筋構成玄關穿鞋椅，機能更完備。

4

紅色活動門片決定隱藏或展示機能：主臥床頭採用開放式隔間規劃，且讓出一小塊區域，作為屋主專屬的公仔展示地帶。床頭後則為更衣、化妝區域，並透過活動紅色門片及簡易的櫃面線條，讓收藏擺飾化為視覺主角，清新、趣味又極具設計感！

People Data

屋主 范先生、范太太
家庭成員 夫妻＋爺爺奶奶
＋ 2 小孩
說讚好設計 是屏風又是書櫃
＋書桌

好讚分析

10 **解決風水問題，三代同堂也走 loft 風**

　　年輕屋主強調：「我要重口味的工業風！」格局不更動的前提下，設計師特意裸露風管、植入倉庫木天花的意象，用當代手法加以解構再設計；但因為三代同住多少在意風水問題，為解決一樓開門見灶的問題，在沙發背後安置屏風式的輕隔間，材質延續工業風常見的深色木材質與鐵件，同時加入男屋主渴望的電腦桌規劃，讓風格居家的功能再進化！

圖片提供 @ 子境空間設計

機能 👍 空間質感讚 👍

1 **與屏風聯盟的隱形書房：**不同角度串接的木片造型屏風兼具書櫃的功用，宛如藝術品般的層板和書桌浪漫地和屏風融為一體，成就客廳與廚房間的隱形書房。

動線 👍 美感 👍

2 **樑柱之間的雲端層板：**利用樑柱的位置增加立面壁櫃，塗覆同樣的材質乍看之下仿若一體成形的 L 型櫃設計，亦巧妙成為公私領域的分水嶺。

空間質感 👍

3 **重工業風的輕水泥感：**樓梯牆面全面使用灰色火頭磚貼附，與天花的淡灰和空間的水泥質地相輝映，提供三代同堂一個舒適且與眾不同的風格居家。

People Data

屋主 白先生
家庭成員 一人
說讚好設計 照明、動線設計

好讚分析

質感
收納
採光
CP 值
動線

11 迴字設計，讓光線加倍更好住

二房一廳的新成屋格局，以最微幅的變動，也能扭轉空間的極大化與使用機能。用一面兩側通透的電視牆取代實牆，結合玻璃滑門、簾幔彈性隔間概念，讓空間呈現可自由走動、不受拘束的流動設計，一個人住寬敞舒適，就算有朋友來訪或是未來成家，也能透過滑門與簾幔的使用轉換成可獨立私密的空間。

圖片提供 @ 合砌設計

2 可收納床架讓空間使用更靈活：以維持空間的彈性以及開闊性為主軸，臥房採用可收納式的床架設計，需要時再放下使用，未來朋友來訪也能變更為麻將間、或是遊戲間等需求。床架兩側則設有衣櫃、展示櫃等收納機能，提高空間的機能性。

1 OSB 書牆巧妙避開風水問題：原始格局要到衛浴須小小的轉折，動線不是很流暢，然而若全然的開放又面臨入口對浴室門的風水問題，利用書櫃巧妙化解，也做出自由走動的環繞動線。

3 迴字型動線賦予寬敞明亮：原本主臥房動線較為迂迴，考量坪數不大、加上屋主目前一個人居住，因此將客廳和臥房之間的隔牆拆除，改以電視櫃牆置中區隔，櫃牆兩側為玻璃滑門，讓臥房光線也能到達客廳，迴字型的生活動線更大大提升寬闊性。

People Data

屋主 周媽媽
家庭成員 周媽媽一人
說讚好設計 客為銀髮族打造
的無憂住宅

好讚分析

質感　收納　採光　CP值　動線

12 格局變簡單、機能更窩心的樂齡宅

　　年邁的屋主周媽媽婉拒子女邀請同住的好意，把老厝當成自己的老伴一起度餘生，保留老屋的部分外觀，大刀闊斧地修動格局，把最適合招待朋友唱歌吃小點的餐廳挪到長型格局的前段，以小型中島吧檯連接餐桌，使屋主和食客互動；取消客廳的存在，在屋子中央安置最常使用的廁所，同時連結衣櫃，最末端為僅有睡覺功能的臥室，為周媽媽量身打造溫馨又全能的樂齡小屋。

圖片提供 @ 日作空間設計

1 木地板拖鞋走最舒服：周媽媽不喜歡穿拖鞋，以海島型木地板取代一般磁磚，在臥室和浴室地板皆有配置地暖設施，加強冬季的保暖。

2 人造石零死角貼覆計畫：特殊表面處理的人造石不只貼覆於廚具中段牆面，連左右牆面都貼滿，以研磨的處理方式達到無接縫效果，清潔起來輕鬆不費力！

3 鐵窗與鐵架的新舊呼應：鐵窗依照舊有形式重作，保留老房子的外觀樣貌，隨時喚起過往美好記憶，跨時代地與入口處的現代風格鐵架，相互呼應。

People Data

屋主 紀先生、紀太太
家庭成員 夫妻 +3 小孩
說讚好設計 想起小丸子和爺爺泡茶的前廊

好讚分析

13 開放空間，無處不心機

　　屋主紀先生和紀太太當初喜歡這裡的僻靜與大學校區旁便利的機能環境，於是買下了這戶屋齡高達 50 年的透天老厝，只是因久未居住，空間、動線格局甚至風格設計等幾乎都要砍掉重鍊，於是設計師打破了原本內外界限，擴大了公共區域，讓全家人可以無障礙的共處一室，私密區域則別出心裁，就算在私領域也能和家人互通有無，創造空間寬廣卻零隔閡的居家天地。

圖片提供 @ 合風蒼飛設計工作室

地面架高串連室內外：還將落地窗內外 50 公分處以木造架高，仿和式設計可讓人自由在此坐臥，更打破了內外藩籬。此外，戶外樹蔭更形成自然屏障，減少西晒且強化隱私。

房間的對內窗能隨時互通有無：中通式的空間規劃能直向串連房間，二至三樓房間挑空手法創造對內窗，對外看到綠意，對內能與家人互通有無。

屋主 李先生、李太太

家庭成員 3 人

說讚好設計 電視櫃、鞋櫃兼餐櫃、中島吧台、更衣室

好讚分析

14 虛實交錯，用線條勾勒居家機能脈絡

35 坪的空間經過調整，將 4 房改為 3 房，讓主臥室、小孩房、書房的空間尺度能更適切外，還在主臥中配有更衣室，讓機能更充足。公共區域部分，因環境中有橫樑經過，透過開放式手法形塑外，設計者也特別輔以假樑與原樑整合，虛實交錯的設計，並以仿飾水泥砂漿來做勾勒，成功地修飾橫樑的突兀感，也讓空間中的線條脈絡更清晰、更有脈絡地存在。

圖片提供 @ 維度空間設計

1 懸浮電視櫃加深清爽感：由於屋主期盼空間所配之機能、櫃體是有意義的存在，在決定需求後，於客廳設置了一道電視櫃，藉層板線條加深造型美感，另外櫃體也採取不落地形式，間接表露出設計的清爽味道。

2 中島吧台讓廚房身兼小餐廳機能：廚房空間被打開後，環境變得明亮之外，料理者也能身處開闊、舒服的空間做菜；另外，設計者也在其中加了個吧台，加幾張高腳椅這兒瞬間就能成為簡易餐廳，著實替廚房附加了另項功能。

3 別具用意的床架設計：因屋主本身有許多藏書，為了提供他們足夠的擺放環境，除了空間中固定式的櫃體外，就連床架設計也別具巧思，床架下方有層架設計，利於收放書本外也相當好拿取。

People Data

屋主 郭先生
家庭成員 夫妻＋一子
說讚好設計 半腰書櫃

好讚分析

15 門片開闔變出機能與互動性

這間狹長形的房子，原本進門後是餐廳，加上一個封閉型廚房，有鑑於屋主希望家人間能隨時互動，格局重新做了微調，打開隔間規劃中島廚房，讓公共廳區獲得開放串聯之外，客廳也特別挪移至內側，結合以玻璃折門打造的遊戲室，爸媽待在客廳、餐廳就能看見孩子玩耍的動態。另一方面，藉由隱藏、複合等手法設計書房機能，既貼近屋主實際使用需求，也充分發揮坪效。

圖片提供 @ 馥閣設計

1

客廳轉向隨時看得見遊戲室：為了方便夫妻倆隨時看顧幼兒，以及賦予親密的互動，除了將廚房打開與客餐廳串聯，同時將客廳與餐廳的位置對調，遊戲室隔間選用玻璃折門，平常完全開啟時，就算在客廳、餐廳都能看見孩子的一舉一動。遊戲室臨近窗戶的牆面特別選用黑板漆刷飾，讓孩子能盡情塗鴉，其它牆面則維持淺色調。

2

書房收進櫃內超俐落：要書房不一定得預留一個空間，從鞋櫃延伸一致的深度巧妙將書房納入，開放式書櫃作為劃分，透過滑門開闔即可使用、隱藏，電腦主機預先規劃於右側櫃內，線路則經由洞洞板銜接，上掀式桌板內還可放瑣碎的文件，桌子側面甚至可直接懸掛包包，每個細節都充滿巧思與便利性。

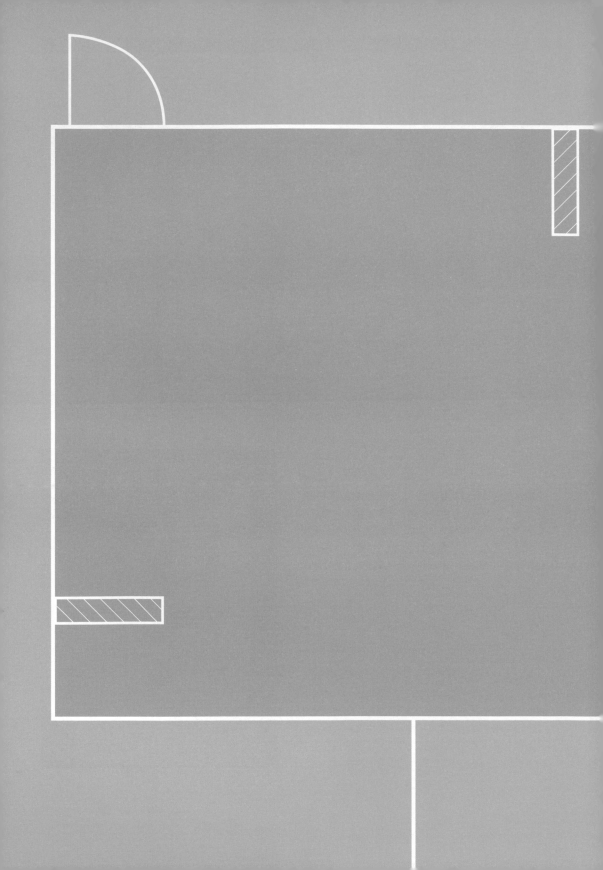

PART III

搞定收納
家裡空間自然放大

NG PART III

01 需求沒抓對，運用大受限

嗚哇哇哇~
馬麻我很努力收了
但房間還是好亂……

圖片提供 @ 構設計、繪圖 @ 黃雅方

Solution
兒童生活空間需要更適切的規劃

　　不少家長在規劃小孩房、兒童房時，是以「能夠靜下心、用功讀書」作為考量，因而少不了制式化書櫃、書桌，然而時刻長大的孩童更需要的是足夠的活動空間培育協調性，還需要能依個性喜好、體型作彈性變化的傢具，才能滿足每個成長環節的需求，特別是收納櫃尺寸也需先考量居住者身高體型作調整，讓孩子能在玩樂、收整中養成自律習慣。而開放式層架也比封閉式不易維持整齊，專門收納雜物的抽屜櫃好收整的程度又優於格式櫥櫃，能提升拿取、放置的便利性。

02 畸零小空間，做對才實惠

土地寸土寸金，每塊空間都要好好利用

但這種小空間到底能收納什麼書啊!!!

Solution

完善規畫，畸零區域才能有極大化應用

家中總有某些說大不大、說小不小、邊邊角角不完整的畸零空間，若少了規劃，往往成為隨意堆放的雜物角落，或是空間的白白浪費，若應用得宜，則能有效提升坪效，考驗著屋主們的使用智慧。家中常見的畸零空間與運用方式，不妨參考下表。

窗台下方	可作為臥榻平台，下方作為收納櫃充分運用。
衛浴的洗手檯牆邊凹槽處	架設層板增加洗浴物件的放置空間。
空間角落	四方空間中的角落以層架、三角櫃體的架設最能作多元的運用。
樓梯週邊	樓梯下方的運用十分多元，視空間大小、深度可作電視牆、書櫃等，也可直接作封閉型門片包覆住複雜線條，內部也能作為大型電器、物件的收整。
樑柱空間	房屋的樑下、柱旁空間形成難以運用的畸零地，可以假柱修飾，內包收納作化解，更淡化樑柱線條帶來的壓迫感。

03 櫃子做滿做好，惹來一堆煩惱

> 看起來方便，但坐椅子時抽屜就沒辦法開呀……

圖片提供 @ 尤噠唯設計、繪圖 @ 黃雅方

Solution

架高地板的收納櫃體需考量使用動線

　　小坪數房型常在主臥之外另搭配坪數較小的客臥，放置雙人床顯得太窄，放置單人床又相對浪費空間，常會設計架高地板，下方加增收納一舉兩得，然而在搭配其它桌椅的情況下需要考量使用時是否與傢具相衝突，特別是抽屜式收納需考慮抽軌五金的長度限制，通常 50-60 公分為佳，也需保持前方 50-60 公分的使用空間。「上掀式」地板櫃的設計較不受傢具空間的限制，但需要考慮地板結構的安全性與耐重性，建議寬度設定在 60-90 公分以內。

屋主都說 讚 👍

好收好用還省空間！
大收納機能設計 IDEA

收納空間這樣規劃，
家才會整齊

People Data

屋主 Brian
家庭成員 3 人
說讚好設計 電器櫃、儲藏
室、複層收納與衣櫃

好讀分析

質感
收納
動線
CP 值　　採光

O1 **用極簡海納複雜物件**

　　空間僅 13 坪大，卻又得在有限的環境裡配置足夠的機能，於是，在需求確定後，除了催生出電器櫃、鞋櫃、浴櫃外，設計者也利用環境挑高優勢，再創造出兩間臥房與 1 間儲藏室。整體以白色系鋪陳，收納則有條理的收於線條中，看似簡單，背後其實設有滿滿的置物機能，成功實現許這一家人一個清爽的生活環境。

圖片提供 @ 倍果設計有限公司

1

空間完全利用、好拿又好收：設計者善加利用空間，在電視牆後方規劃了另一間臥房外，還配置了書桌區以及吊櫃。臥舖區旁規劃大型衣櫃，提供充足的收納環境，拿取物品也很便利。

2

收納 👍

順應環境催生實用電器櫃：原本的廚房配置空間較小，收納空間不足使用因屋主仍想加入其他的廚房家電，於是，設計師順著廚房環境再增設出電器櫃及抽屜式的收納，以有系統方式收納相關家電配備，也使環境更乾淨。

4

一應俱全的鞋櫃與備品收納櫃：為了讓空間的收納機能完善，在入口處便配置了鞋櫃，並將電源箱隱藏於鞋櫃內，衛浴間旁邊也規劃了備品收納櫃，櫃體部分為封閉式、部分則納入無門片考量，一目了然好拿取，使用上也做了清楚的分類。

3

機能滿滿的更衣室設計：沿著樓梯而上，複合手法將一邊規劃為臥床區，另一邊則是設計出更衣室。更衣室收納機能包含吊掛衣物的衣桿設計，以及抽屜、層架等形式，讓置物機能更多元。

People Data

屋主 陳小姐
家庭成員 夫妻、一子一女
說讚好設計 多功能牆面

好讚分析

質感

收納

動線

採光

CP 值

02 化收納為無形，隱藏設計把家變大

　　30 坪的房子，雖然原本配置為四房，然而卻缺乏用餐空間的規劃，於是設計師將廚房旁的臥房取消，以中島吧檯結合餐桌打造實用完整的餐廳區域，同時保留原有一字型的廚房形式，延伸創造電器櫃、冰箱收納，在微幅調動格局的前提下，滿足一家四口的收納需求，並運用色彩、線條的變化，以及自然素材，給予自然清新的生活氛圍。

圖片提供 @ 寓子空間設計

空間質感 👍

1 造型穀倉門完美隱藏看不見的收納：緊鄰電視主牆、位於餐廚交界的動線轉折處，特別以穀倉門片作為視覺立面設計，看似為造型牆面，實則隱藏收納櫃體，以及巧妙修飾冰箱量體。

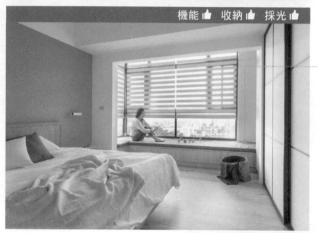

機能 👍　收納 👍　採光 👍

2 臨窗臥榻不只賞景還可收納：主臥房擁有舒適的面山景致，原始畸零的窗邊結構，經過巧思規劃為休憩臥榻，讓夫妻倆有如置身大自然般的輕鬆愜意，且臥榻下皆具備豐富的收納機能。

機能 👍　收納 👍　空間質感 👍

3 轉角壁櫃＋中島創造無限大機能：取消一房賦予一家四口舒適寬敞的用餐空間，中島結合餐桌的設計概念，不但多了輕食烹飪功能，中島兩側也盡是滿滿的收納空間，有趣的是，利用餐廚隔間牆嵌入造型壁櫃，是實用的食譜書架，亦是收藏杯架的絕佳展示舞台。

Dr. Home 超心機重點提示

看不到卻絕對需要的—隱藏式收納設計

想要善用家裡的每寸空間，想要完善規劃最佳收納量，除了看得到的各式層架櫃體，隱藏式收納設計能簡化櫃體線條，同時能包覆雜物的凌亂感，好收好整優點良多，只是設計上仍須考量以下重點。

重點 1 避免窄化空間視野

隱藏式收納設計的規劃，建議安排在居家的客廳、餐廳等公共區域，因為這些地方能呈現寬敞開闊的質感，同時避免掉雜亂無章的視覺感受，而隱藏式的收納櫃可與壁面設計融合為一體，更能呼應設計風格。

但若是臥室內部則須從空間條件來調整，空間若足夠可以隱藏手法設置更衣室，相反來說，太多密閉櫃體就像牆面一般，易為空間帶來壓迫感，居住時也會感覺狹窄侷促。

重點 2 開放與密閉需巧妙切換

收納雜物的儲藏空間由於內容物件較為複雜，即很適合做隱藏式收納設計，若能可規劃在畸零角落、走道、隔間等處，則更能善用家裡不容易使用到的區域，但並不是每項物品都要隱藏收納，像是能時時欣賞把玩的收藏品、經常性取用的書籍等，則可運用開放型展示的方式陳列，提升實質使用的機能。

重點 3 容易形成乏味空間

雖然隱藏式收納的目的在於讓空間顯得單純簡約、避免多餘的元素或複雜的語彙、減少視覺上的雜亂，但在線條比例、色彩比例等方面應拿捏得宜，並非全部留白就是最好的，大面積的單一白色容易顯得單調空泛，更突顯了原本應該「隱藏」的門片線條，不妨運用跳色處理，展現空間立面的層次，配合美式風、建築結構，規劃隱藏式收納設計，維持空間線條的簡潔，同時兼顧完善的收納。

重點 4 隱藏式櫃體的小地雷

規劃隱藏式的家電收納需特別留意，規劃前應先將管線配置妥當、出口預留好，才不會在使用時破壞了外觀的設計。視聽器材的收納櫃，櫃體也有設計散熱孔，方便電器散熱，也便於日後維修的拿取。儘管隱藏式收納收納量大且能善用空間，若缺乏完善規劃及五金細節，則要當心成為看不到也用不到的空間。

People Data

屋主 黃先生
家庭成員 夫妻、二子
說讚好設計 挑高結構

好讚分析

03 多面向櫃牆設計，釋放寬闊空間感

3 房 2 廳的 30 坪住宅，如何滿足一家四口的眾多雜物收納，同時保持空間的乾淨清爽樣貌，設計師在公共廳區利用整合集中手法，讓櫃體圍繞著客浴隔間，甚至納入餐椅功能，臥房內也置入低檯度臥榻設計，保有通透舒適的日光，又能增加儲物機能。

圖片提供 @ 寓子空間設計

1 **整合櫃牆創造極致收納**：玄關左側因應客浴格局的關係，利用結構牆面的落差規劃出鞋櫃，轉折至餐廳區域衍生餐椅、各式儲藏櫃、酒櫃，達到極大化的收納機能，最後更一併將客浴門片巧妙修飾。

2 **藍綠書牆創造吸睛跳色**：以座榻概念打造的餐廳，不僅僅是用餐，也結合閱讀功能，一旁的書櫃特別選用藍色為背景，搭黃色玻璃設計，在整體米白、淺木色基調下更為搶眼獨特。

People Data

屋主 Kelly
家庭成員 1 人
說讚好設計 櫃整合收納櫃

好讀分析

04 精算收納，讓置物功能更多元感

　　本身是專業舞者的屋主，希望家的設計不複雜且能融入木料元素，於是 CMYK studio 分寸設計將收納集中於餐廳和玄關區，並透過木材質來做鋪排，從造型天花板到收納櫃，用溫潤感引領主人入室外，也提供完整的置物空間。最特別的是餐廳區櫃體，因屋主不想要制式紅酒櫃，再加上還有其他置物需求，於是設計者將功能整合，並在其中納入不同形式的設計，且門片以實木酒箱製成，別具巧思，更滿足屋主的多重渴望。

圖片提供 @ CMYK studio 分寸設計

1 **移動式展示櫃用來擺放個人蒐藏：**由於屋主不喜歡家的設計太過於複雜，打通後的空間以傢具作為定調，設計者同樣也有擺了一道可移動式展示櫃，好讓因巡演從各地帶回來的紀念品有一處展示舞台。

2 **共同合力創造獨一無二的紅酒櫃：**為了打造獨具的紅酒櫃，設計者與屋主共同合力蒐集實木酒箱，將酒箱上獨特的圖騰經裁切後形塑成門片，其中一片還烙印上屋主舞團的圖案，不僅設計滿足需求還很貼近屋主本身。

3 **有計劃配置好收又不佔空間：**一改過去整面做櫃體的習慣，精算屋主實際的收納需求後，在玄關配置一道頂天櫃體，除了擺放鞋子還能夠擺放其他的生活小物。木作櫃體也沒有完全落地，底部稍稍騰空增加量體的輕盈感。

4 **不多不少、小巧很剛好：**衛浴空間已不大了，在規劃收納計畫上得格外留心。絕大部分從洗手台下延伸出收納櫃體，另外也在加了吊櫃，不多不少，很夠擺放衛浴中所需的生活備品。

People Data

屋主 陳小姐
家庭成員 1 人
說讚好設計 攝影牆及更衣室

好讚分析

05 十坪機能大套房，展示收納全搞定

　　才 10 坪大小的空間，如何滿足單身女郎的居住機能？身為老師的陳小姐買下這間 5 年中古屋後，發現原本格局阻擋自然採光，因此找來設計師協助規劃出一間工業風格大套房，不但擁有書房、客廳、睡眠區域及超大浴室的機能空間，更多出一間更衣區。而且因空間小，收納更是要精簡，依空間配置將收納集中，並透過架高木地板區隔睡眠及公共場域的通透設計，讓陳小姐每天迎著陽光醒來，或回到家中，內心充滿幸福感！

圖片提供 @ MUSEN 慕森設計

1

形隨機能將收納集中，化於無形：左側浴室牆面設置高櫃，放置愛攝影屋主的大型防潮箱，開放式層板則架設藍光機或喇叭，淺色面材減輕視覺感。睡眠區與客廳，則以藍綠色雙面櫃體搭配訂製鐵件區隔空間，鐵件也可吊掛物品或植栽。

收納 👍

2

畸零空間的半開放式更衣室：因應屋主需求而加大浴室空間，使得主臥通往陽台空間有一塊畸零空間，規劃成屋主更衣空間，胡桃木色系統櫃體及下沈 10 公分的階差，不用門片或布簾即可擁有足夠隱私性。

3

洗衣夾及吊衣架的攝影展示牆：
屋主很喜歡攝影，因此在預算有
限下，利用鋼線吊衣架及洗衣夾，
在客廳沙發背牆營造一處能展示攝
影作品的牆面，不但能拉出空間線
條，也呼應全室的鋼構鐵件設計。

4

**複合式書桌兼吧台，玄關櫃兼餐
櫃：**由於屋主會帶學生作業回家批
改或備課需求，因此在進門處即規
劃複合功能的書桌兼吧台區，並巧
妙讓玄關鞋櫃與餐櫃結合，提供完
整收納機能。吧台桌上方的燈具兼
具吊櫃功能，讓屋主放置家飾及咖
啡用具。

掌握細節，
打造收納與舒適的雙贏效能

好讀分析

質感
收納
採光
CP 值
動線

06 內縮手法，小宅裡盡情展示個人蒐藏

由於這個空間僅 13 坪大，除了基本的格局配置外，屋主李小姐也希望能有個人豐富的蒐藏。因此，可以看到空間中多數的展示櫃，均以內縮手法來做呈現，既不影響使用環境，蒐藏也得以被展現出來。再者，設計者也選擇向上爭取空間，可以看到部分的展示櫃安排在人的視線水平軸上，各類蒐藏品有自己的歸屬空間，也不破壞各個小環境的使用坪數。

圖片提供 @ 維度空間設計

1

展示櫃落於視線水平軸線上：擔心櫃體太多ㄅ會影響到使用環境，對此，設計者選擇將展示櫃配置在使用者的視線水平軸線上，一來向上爭取空間化解收納需求，二來也不佔據使用空間的坪數。

2

內縮手法化解龐大的陳列需求：要在 13 坪大的空間擺入展示櫃，設計者逆向操作，改以內縮形式表現展示櫃的設計，向內找空間，同時也有效地化解屋主龐大的陳列需求。

People Data

屋主 劉先生、崔小姐
家庭成員 4 人
說讀好設計

好讀分析

質感
動線
收納
CP 值
採光

07 收納空間，隨機能連動而生

　　由於女主人希望能隨時與家人互動，男主人也希望時時能陪伴孩童成長，於是設計者以開放式設計來形塑空間。但開放空間中收納的配置更是重要，一旦多或複雜，就很容易影響到使用性，於是，讓收納隨機能連動而生的手法，像是客廳書桌區一帶的收納設計，再到半開放廚房檯面下的收納，以及餐廳的餐櫃、書櫃等，巧妙地將置物功能容物，好使用更沒有影響到空間的使用性能。

圖片提供 @ 禾光室內裝修設計有限公司

空間質感讚 👍

1 　**交疊、串連出獨特的收納設計：**
客廳窗邊一隅規劃作為書房閱讀
區，設計者以串連、交疊方式，
創造出獨特的收納設計，部分可
獨立收放書籍，部分又可作為電
視櫃的延伸。

採光讚 👍

2 　**依配備設計置適合的電器櫃：**由
於女主人很喜歡下廚做料理，為
因應她能夠擺放各式的料理配備
與家電，特別在餐桌旁設置了一
道大型的電器櫃，不空的開口尺
寸，各式各樣的家電都能被輕鬆
收入。

收納 👍

3

好收納讓生活更便利、順手：每計者
考量到油煙問題，將熱炒區以玻璃區
隔，其餘的檯面、餐桌則以開開式為
主。另外也設想到愛料理的女主人有
不少調味用品、餐具杯盤等，特別在
檯面下方規劃了充足的收納櫃，烹調
時順手好拿，用完也能輕鬆歸位。

People Data

屋主 張先生
家庭成員 夫妻、2 位小孩
說讚好設計 儲藏空間及主臥

好讚分析

質感
動線
收納
CP 值
採光

o8 **自然溫潤的軸線之家**

從事景觀設計的屋主張先生，喜歡親近大自然及旅行，因此買下位在台中市區 40 坪三房兩廳的新成屋後，便開始規劃如何在空間裡承載一家四口人的日常機能及收納，並體現家人對生活品質的追求及重視。透過設計師專業手法，破除單面採光的長型屋架構，以穿透設計及加大房間開口，讓光進入室內各角落。

圖片提供 @ 尤噠唯建築師事務所＋聿和設計

收納 👍 空間質感讚 👍

1

城堡般的圓型儲藏室：透過空間使用比例，將客餐廳及書房之間，也是客廳進入走道的轉角處，設置一個如城堡般的圓型儲藏室，放置公共區域的家電或雜物收納，鐵灰色

機能 👍 收納 👍 採光讚 👍

2

是櫃、是床、是牆的隱形收納：小孩房的衣櫃與書房拉門形成一量體，延伸至小孩房的架高床鋪及書桌、展示層板等，為空間帶來大量的收納機能。

收納 👍

3

主臥床頭屏櫃區分五大機能：由於主臥空間大，因此透過床組及床頭屏櫃為T字中心，畫分出睡眠區、閱讀區及更衣區、化妝台、收納衣櫃等五大機能，而沿著床組的回字動線，使用更便利。

怎樣都好用
All-in-One 式整合收納設計

People Data

屋主 李先生
家庭成員 夫妻、兩位子女
說讚好設計 臥榻及臥室櫥櫃

好讚分析

質感
收納
採光
CP 值
動線

09 一體成形櫥櫃設計，收納多二倍

屋主李先生因為工作及孩子學區關係，因此在新莊市中心購買這間 25 坪卻有 3 房 2 廳 2 衛格局，做為做為一家四口的落腳處。身處電子業主管的他，希望能營造出家的溫馨氛圍及大量收納，符合居住機能。同時，因女兒喜歡畫畫，所以家中要有陳列孩子畫畫的地方。

圖片提供 @ 采金房設計團隊

1 電視櫃延伸窗邊臥榻收納：空間小收納集中，將客廳電視機下櫃延伸至落地窗成為 型臥榻，可欣賞美景，加大客廳容客人數，而下方抽屜收納物品、角落擺放裝飾。且電視櫃體做缺口設計，降低壓迫感，並展示屋主收藏。

2 吊掛畫作隱化機櫃：一進門即開放餐廳及客廳，放大空間感。牆角隱藏嵌入掛畫線溝槽，可視情況放置孩子的作品，像玄關畫作後方為弱電箱隱藏。

2 玄關鞋櫃成端景：懸吊式玄關鞋櫃成為餐廳及走廊端景，底部刻意架高 3 公分高木板，做為擺放外出鞋子區，不易亂放，也好整理。

3 **床櫃桌一體成形，機能收納兼顧**：由於每個房間都小，利用系統櫃一體成形將收納及機能做足，包括床組、書櫃、書桌、衣櫃等等，床下也有收納。其中女兒房更在書櫃夾一可抽拉的化妝鏡，滿足女兒使用機能。

People Data

屋主 莊先生
家庭成員 夫妻
說讚好設計 中島餐廚

好讚分析

10 創造加倍收納美型宅

　　新婚夫妻的 23 坪居所，因應倆人喜愛邀約朋友聚會、男主人擅長異國料理的需求之下，將空間主軸放在中島餐廚的規劃上，並藉由大尺度桌面納入餐櫃、紅酒櫃，客廳側牆則整合兩座收納儲櫃，賦予完整豐富的生活機能。

圖片提供 @ 爾聲空間設計

活動橫板讓牆面變展示：有別於一般電視牆，採用鐵件層架做出立面的層次效果，並特意成為電視量體的框架，有趣的是，鐵件上規劃了 8 片ㄇ字型橫板，可依據屋主需求創造出陳列檯，突顯個人生活品味。

展示牆兩側隱藏大型收納櫃：
看似深度較薄的陳列展示層架，其實兩側都是深度 60 公分的大型儲物櫃，特別將層架往前設計，絲毫感受不出櫃體的深度，完美削弱量體的厚重感。

People Data

屋主 黃先生、黃太太
家庭成員 夫妻 +1 小孩 +3
貓咪
說讚好設計 主人與貓分秒不
離的甜蜜窩

好讀分析

11 和喵星人同住的，光感玻璃盒子屋

本案為整棟自地自建的住宅，四樓專屬一家三口和 3
隻貓咪所使用，就 50 坪左右的空間而言相當寬裕。為了
幫愛貓打造同樣舒適的起居空間，屋主提出了玻璃貓屋的
設計想法，設計師將之規劃在公共空間的核心位置，不論
在書房、客廳活動都可以看見貓咪的身影，全家共享生活
的每個重要時刻！

圖片提供 @@ 子境空間設計

2 **家裡終極的亮眼風景**：該牆面為進入室內後，最底端的一道風景，以深藍色為底，用芥末黃的層板做跳色的對比設計，成為家裡的終極亮點！

1 **喵星人的超高級豪宅**：玻璃貓屋占地約1坪，以懸吊的櫃體搭配不同高度的木層板作為多種形態的貓跳台，喵星人可在裏面盡情玩耍。

3 **一點不浪費的轉角櫃**：利用廚房轉角的立面空間設置層板增加日常的收納空間，遠端藍色書牆左側的白色櫃體，也蜿蜒地與白牆融為一體。

屋主 許先生、蔡小姐
家庭成員 4 人
說讚好設計 雙面櫃、展示櫃、餐櫃、電器櫃

好讚分析

質感
動線
收納
CP 值
採光

12 發揮屋高優勢，創造收納好空間

　　原老屋格局分配較不理想，再加上屋主個人蒐藏物品相當的多，於是設計者找出格局優勢，並從中增生收納設計，一改老屋容顏同時也滿足使用需求。像是入口處以雙面櫃隔出內外，面玄關兼具鞋櫃與穿鞋椅功能，面客廳則是完備的書櫃。當然畸零空間設計者也善加利用，天花板上方或靠近地面處，也都做了層架、抽屜等置物設計，形成滿足屋主的強大的收納機能。

圖片提供 @ 禾光室內裝修設計有限公司

1 貼牆而置的餐櫃、電器櫃：以中島吧台、餐桌為軸心的餐廚區，其環境同樣有許多物品要收納，於是設計者沿牆配置了餐櫃、電器櫃等，使得這些多種類的物品，能夠有條理地被收放整齊。

2 單櫃同時擁有兩種定義：為了不浪費空間坪效，設計者在入口設置雙面櫃，朝向玄關處作為玄關櫃使用，朝向內部客廳則作為書櫃使用；另也因應收納物做了封閉和開放形式，均利於好拿取使用。

3 善盡運用空間的每一處：正因為屋主有相當多的書籍、CD、DVD 等蒐藏，設計者盡可能地從畸零處創造收納空間，像是客廳旁的臥榻區，不只下方、柱體旁配置滿滿的櫃體設計，上方空間也將冷氣管線收得很漂亮。

People Data

屋主 洪先生
家庭成員 夫妻＋二子
說讚好設計 衛浴牆面、玄關

好讀分析

質感
收納
採光
CP 值
動線

13 櫃子、傢具藏機關，生活超便利

　　三房二廳的 40 坪中古屋，除了格局調整讓空間更為緊密之外，設計師在許多生活細節的規劃上也格外用心，玄關櫃內不只有雨傘專屬收納架，甚至連集水的問題也設想周到，浴室牆面也預留收納瓶罐設計，些微的洩水坡度，輕鬆沖洗就能恢復乾淨，空間也更為俐落。

圖片提供 @ 馥閣設計

機能 👍 動線 👍 空間質感 👍

1 床頭立面增設書桌更實用：有別於一般床頭倚牆規劃的概念，設計師將床頭立面整合書桌，搭配可調式燈具，書房、睡寢區域都能同時使用，書桌內也配有隱藏式線槽，桌面可保持整齊又實用。

2 玄關櫃內藏雨傘掛架：想像著下雨天，拎著濕淋淋的雨傘一路走到陽台，地板也都是水漬，有多麼不方便！設計師巧妙在玄關櫃內規劃雨傘掛架，而且下方金屬盛水盤也直接導入排水管，讓生活更便利。

採光 👍

14 將收納藏於機能，既有空間立刻倍增

　　收納是生活環境中必備的機能，為了不讓空間因置物佔去過多空間，設計師選擇將收納藏於機能裡，像是入口處的玄關櫃體、客廳臥榻區、小孩房的床頭牆等，均可在機能中找到置物功能，讓這些設計成合理的存在，同時也滿足生活中的收納需求。另外，設計者反向操作，在主臥衣櫃中則是將機能收於櫃體，借助俐落線條收齊機能，也不破壞空間該有的尺度。

圖片提供 @ 維度空間設計

People Data

屋主 陳先生、陳太太
家庭成員 3 人
說讚好設計 收納櫃、展示架、臥榻

好讀分析

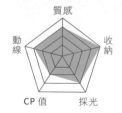

質感
動線
收納
CP 值
採光

1 　**櫃體不落地、清潔更方便：**玄關入口設置了玄關櫃，足以擺放鞋子與其他生活物品，另外也以不落地的設計形式為主，讓清潔更為方便。自玄關開始也以仿水泥紋磚作為啟始，圍塑空間氛圍，也是串連走道、其他空間的銜接因子，讓整體更具一致性。

2 　**用臥榻設計包覆收納機能：**客廳旁規劃了一個臥榻區，輕輕拉開木百葉，便能坐在這欣賞室外風光。設計者為了讓臥榻還有其他功能，在下方結合抽屜形式，巧妙地將收納機能藏於其中。

3 　**收納分門別類，拿取好便利：**從床頭牆衍生出的收納櫃設計，本身富含造型更具置物功能，輕鬆開啟就能擺放相關生活物品。再對應書桌旁的櫃體，則主要作為擺放各式藏書之用，分門別類，再也不怕找不到任何東西。

4

○┈┈┈┈┈┈┈┈┈┈┈┈┈┈┈┈┈┈┈┈┈┈┈┈

將電視、化妝桌收於線條之下：為了讓主臥室在擺入雙人床後，還能有舒服的行走空間，設計者將電視、化妝桌等一起規劃於櫃體裡，借助俐落線條不僅將機能收得整齊、漂亮，也找回空間的寬闊度。

收納物的尺寸及形式，影響著櫃體設計，剛剛好的空間才能避免浪費。
圖片提供@合砌設計

Dr. Home 超心機重點提示

完善收納的大原則

收納，不是有做就好，許多屋主在與設計師溝通時，總把大收納量擺在理想格局的第一位，然而沒有真正切合需求、缺乏完善的順手使用動線，往往有很大機率是少用、不用、忘了用！想要具高實用性、高 CP 值的收納，得務必掌握好以下收納空間的規劃原則重點。

重點 1 作好順手動線

單一空間規劃收納時，首先得問自己：要收納什麼？大約數量與形體？用途？在腦中建構好你想收納的物件後，再來作設計，基本上使用的物件最好就收納在所使用的空間，收取才會方便，由於隨時使用隨時歸位，也不致於散落在每個空間中，整理起來也會較為省事。像出入家門時穿的鞋、拿的包包、鑰匙，就應該在玄關做好收納的處理，才不致來回奔波，或是忘東忘西，也不致因四處擺放而遺失。

重點 2 符合實際需要的收納空間

延續上個重點的提問，在規劃收納空間時，得考慮到所收納物的尺寸及形式，特別要是收納空間的深度問題。櫃體深度太深或太淺，也容易造成不易活用的死角，反而容易浪費收納空間。日常用品的收納深度都在 30、45、60 公分之間，若能先了解收納物件的尺寸大小，做統一的規格設計，則有助於收納效率的提升。

重點 3 依家人習慣設定收納屬性與機能

撇除單人套房可以隨著屋主喜好而設計，通常居家的收納定位得視全家人的使用習慣而定，這樣家中成員不但可以輕鬆拿取想使用的物件，歸回原位時，也很容易就放回應放的位置，也才不致出現少用或無用的空間。而這得依家人生活形式不同去做調整及更動，一旦更改了原本物件定位的空間，也要通知並提醒家人共同遵守，這也是收納空間規劃重要的原則。

重點 4 暫時性收納的空間規劃

很多人喜歡給家裡的物件找歸屬位置，卻忽略了很多物件是隨時需要使用的，並不能一直躺在收納櫃子裡，像是剛洗滌完的碗盤、遙控器、換下來還會再穿的衣服等，還不需要立即放好但也需要安置的空間，由於這些物件較難有固定的收納空間，經常會隨意散置，形成家中的凌亂的角落，在規劃收納空間時，必須考慮到這些暫時性收納空間，並善用一些收納雜貨加以歸納整理，收納就會更周全。。

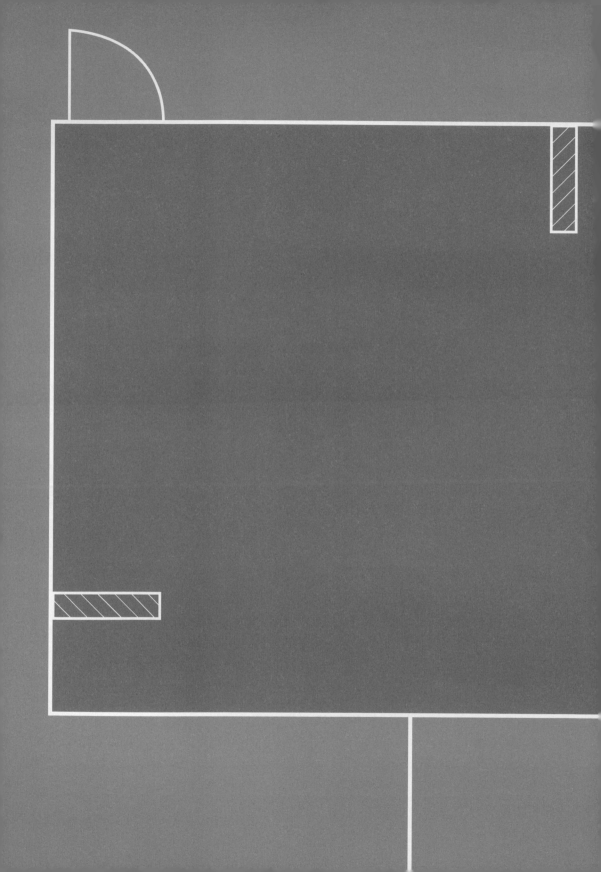

PART IV

聰明選材
讓環境常保乾淨整齊

PART IV
NG
01 裝潢線條太瑣碎，打掃起來有夠累

櫃體傢俱縫隙要大不大
根本就是積灰塵

圖片提供 @ 分寸設計 111、繪圖 @ 黃雅方

Solution
考慮生活模式才能避免日後清潔負擔

　　許多屋主在規劃空間或傢具配置時，往往疏忽了未來打掃清潔的機能，例如過低的沙發底座、櫃與櫃之間過窄的隙縫等，都會形成清掃的死角，長年下來累積出驚人灰塵，若要確實清掃就不免搬移往來諸多不便，因此在傢具、櫃體採購時就應考量，未來清潔的便利性，或是在掃具的選擇上配合現有的傢具。此外開放式櫃體適用於經常拿取的物品收納，如果不常取用也容易堆積灰塵，對於沒有習慣天天勤於打掃的人來說，選擇有門片的櫃體將更為方便。

 NG 02 白瓷玻璃亮晶晶，
污漬可真不好清

當初喜歡這種造型洗手檯，沒想到這麼容易堆積霉菌

片提供 @ 潤澤明亮設計、繪圖 @ 黃雅方

Solution

浴廁空間設計宜避免堆積黴菌

對於需要天天反覆使用的浴廁空間來説，選用的材質、設備的細節設計都將左右著浴廁日後的清潔便利性甚至使用年限，特別是沒有對外窗或是能長時間抽風、乾燥設備的浴廁而言，在設計上就要避免過多溝縫、細碎線條或死角，一昧重視設計感的同時，這些實際而關鍵的重點不可忽視！此外，針對潮濕悶熱的氣候，台灣常見乾濕分離的設計，殊不知分隔浴門、浴簾是最容易滋生水垢、黴菌的地方，最好選用霧面玻璃材質取代壓克力，減輕日後清理的負擔。

PART IV
NG
03 立體設計好高雅，問題一堆你會怕

天花板的設計最能展現品味!!

縫隙這麼多要怎麼清呢?

圖片提供 @ 合風蒼飛設計工作室、
繪圖 @ 黃雅方

Solution

慎選材質，
日後清潔打掃才能一勞永逸

　　若是考量清理的方便性，家中天花板、牆面的設計就要以簡單為優先，減少繁複的溝縫才能減少灰塵的堆積，打掃也更為便利，特別是天花板位置高，除了減少凹凸線條的設計外，也最好避免使用過多接縫的板材。此外，家中天、地、壁最難清理也最易卡髒的莫過於易有油煙的廚房空間，裝潢時最需要挑選能耐油污且具防潮機能的材質，選擇不鏽鋼壁面材質，即使沾上油污也十分容易清理，流理檯牆面則以平滑無接縫的烤漆玻璃 CP 值最高。

屋主都說　讚

清潔維護不費事！
好整理機能設計 IDEA

最省事！
一勞永逸的空間規劃

01 隱藏海量收納，簡約清爽也好收

　　從事時尚產業的夫妻倆，擁有大量的衣物、鞋子，加上經常出國工作，旅行箱的使用頻率高，如何好收好拿也相當重要。然而由於房子為長型格局，原有玄關狹窄陰暗，除了充分利用櫃體作為隔間，創造出豐富的收納機能之外，也巧妙局部於櫃體、門拱、中島廚具貼飾亮面金屬板，同時透過色彩搭配，以綠為跳色、點綴粉色單椅，勾勒現代時尚的氛圍。

圖片提供 @ 爾聲空間設計

1

用廊道打造超激量鞋櫃：將原有次臥隔牆稍微往後退，獲取舒適尺度的玄關空間，不僅如此，利用整面櫃體作為隔間，讓夫妻倆的限量版鞋子們有了充足的收納空間，中間鏤空的平台後方則選用玻璃材質，讓光線可以到達玄關，加上亮面金屬板的反射，一改過去陰暗的窘境。

2

櫃體交疊劃設半私密閱讀角落：因應屋主工作需求必須翻閱各式潮流雜誌，同樣採取櫃體隔間的手法，透過鞋櫃、書櫃的交疊設計，巧妙圈劃出半私密的閱讀角落，綠色櫃體上下可放大量雜誌，中間開放式設計則擺放最新雜誌陳列。

02 破除長屋格局限制，好窄也能變好宅

喜歡親近大自然、旅行，強調生活質感的男女主人，平日也喜歡招待客人到家裡來坐坐或從事一些手作贈送親朋好友，因此買下這間長型華廈後，卻不知如何化解長條動線，而交由設計師協助。透過軸線概念及強化，將空間裡的生活情趣全然串起，並以「線」為空間符號去展現。

圖片提供 @ 尤噠唯建築師事務所＋聿和設計

空間質感 👍

1 **鐵件與麻繩組合，帶來穿透感：**
麻繩結合鐵件的元素，無論是展現在公共區的屏風或私密的主臥天花繩結，都讓這生活的「軸」與情趣的「線」，透過自然材質對比粗曠、手作肌理，交織鋪陳出自然的閒情，與生活的野趣。

採光 👍　機能 👍

2 **鍍鋅浪板折射光源：** 為折射自然光源進入室內，在電視主牆面引用鐵皮屋使用的鍍鋅浪板，一路串聯玄關，整合鞋櫃及平台設計，甚至與廚房檯面相呼應。重點在於時間一久，日光與歲月在浪板上留下的痕跡，呼應自然生活感。

採光 👍 空間質感 👍

3 **OBS 板回應自然材喜好：** 回應屋主對大自然的喜好，在天花板採用褐色手染的 OBS 環保建材來打造。透過錯落的層次拼貼及格柵燈光呈現，讓天花呈現活潑感的視覺效果。

03 花磚拼接，家怎麼看都美

從透天換至公寓，屋主一家人希望能給予家中幼小孩童安全無虞的生活空間，因此透過開放式手法處理格局，將客廳、書房、廚房做一展開，讓大人無論在何處都能關照到小孩的一舉一動。再者屋主本身有幾次的裝修經驗，過程中逐漸梳理出對於磚材的喜愛，具獨特語彙，材質本身也相當好清理。於是設計者透過不同的拼貼方式與搭配手法，將各式花磚、木紋磚等材質表述空間之中，藉材質特色演繹家的獨特溫度。

圖片提供 @ 唯光好室 VHouse

People Data

屋主 Kenny、Eva
家庭成員 2 大 3 小
說讚好設 各式花磚、六角磚、地鐵磚、石材、木紋磚、鐵件

好讚分析

質感 / 收納 / 採光 / CP 值 / 動線

2 局部點綴突顯花磚美感：主臥空間裡的花磚運用，有別於整面鋪設方式，設計者採取局部點綴來做呈現，分別散落在床頭牆上，讓牆面更有主題性，同時也能藉由單純色彩映襯出花磚的美感。

1 混合調味讓廚房盡是焦點：廚房空間裡，以混合調味方式讓工業風與鄉村風相遇，同樣地也透過不同拼貼方式，如秩序、人字、交丁等拼貼手法，展現地鐵磚、木紋磚、花磚等材質的獨特語彙。

美感 👍

○─────────────────○ 3

以磚材成就走廊端景：為了將屋主喜愛的磚材做最大的發揮運用，設計者在廊道牆上也利用花磚拼貼來做裝飾，藉由材質本身的圖騰語彙妝點空間，同時也成就出獨一無二的走廊端景。

動線 👍 空間質感 👍

4 ○─────────────────

獨特切割與拼貼，玩出石材新感受：衛浴牆面所使用的是石材，但經由設計者以獨特切割技術切割成六角形式，再以磚材施作工法鋪設，不但玩出石材新感受，也與地磚碰撞出獨特的質地火花。

People Data

屋主 林先生及太太
家庭成員 夫妻
說讚好設計 和室及隱藏餐桌

好讚分析

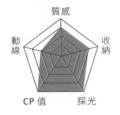

質感
收納
動線
採光
CP值

04 **自然光就是最美好的居家照明**

　　本身從事代書及小學老師的林先生及林太太，因已面臨到退休年紀，於是在淡海新市鎮購買一間25坪新成屋，做為退休生活的度假小屋。男主人喜歡泡茶，要求一間和室，女主人則希望收納機能充足，因此設計師使用不同材質打造純白色系，讓空間可以倒映出不同時段的陽光，打造休閒度假風。

圖片提供 @ 采金房設計團隊

空間質感 👍

1

大圖輸出營造山水休閒氛圍：為展現客廳的氣勢，將屋主最愛的歐洲風景照改由大圖輸出貼在客廳背牆，形成視覺焦點。未來更換或清理也方便。

收納 👍 採光 👍

2 **架高和室營造休閒感：**角落的架高和室則是屋主喝下午茶、看書的最佳位置，純白的格子拉門使人有安全感又能引光入室。升降和室桌則可使空間使用更具彈性，收納機能完善。

造型門片展現空間小創意：隱藏門的樹枝意象融合一旁的歐洲街景，襯托出淡水的自然舒適。

4 **善用面材表現空間層次**：全室以白為基底，但用建材及面材表現手法，營造空間層次，例如電視主牆的文化石磚及玄關端景兩側的灰鏡，有收樑且掉放大空間之效外，也是櫥櫃及門片的引導。

3 **透明浴室＋蛇簾，開放隱密兼顧**：透明的主浴雖然使主臥十分明亮，但顧及屋主的使用習慣及隱私問題，因此規畫蛇簾調整：平日或幫孫子洗澡時可敞開，個人使用則闔上。

選對居家材質，
室內清爽不卡污

屋主 張媽媽
家庭成員 夫妻、二女一子
說讚好設計 多功能吧檯

好讀分析

質感
收納
動線
CP 值
採光

05 古早味的時尚變化，
用自然老紅磚寫述家的故事

代同堂居住的家庭，最大的煩惱就是東西很多，但實際配置的三房二廳，卻沒有空間可以好好收納，於是設計師將原本餐廳區域做為收納的整合利用，創造出可三面使用的機能性櫃體、儲藏室，如此也能減少其它空間的櫃體設計，釋放出空間感，而客廳後方的臥房則轉換為餐廳與書房的形式。

圖片提供 @ RND Inc.

1

三面機能牆讓家時時保持整齊：將原本餐廳的空間置入一個矩形隔間,創造出鞋櫃、吧檯、儲藏室機能,有趣的是,從玄關穿過儲藏室也可縮短動線進入廚房,特意選用的老紅磚對剖鋪貼如文化石般的效果,注入復古時代的氛圍,也弱化隔間牆體的突兀。

2

零違和的美好神桌：由於神明桌必須規劃在客廳電視牆一旁,除了運用鐵件打造神明桌,試圖與現代感空間更為融合,後方牆面則延用天然老紅磚材質做出半圓形弧度,同時一併修飾大樑,而老紅磚在長期燒香拜拜之下也較不易突顯薰黑的汙漬問題。

People Data

屋主 Erik、Rika
家庭成員 2 人
說讚好設 沃克板、復古六角磚、賽麗石、玻璃

好讚分析

質感
收納
採光
CP 值
動線

o6 質感材質不只美觀，也兼顧實用

平日只有夫妻倆使用，但偶爾也有親友來訪，為了讓空間能更具彈性，主體以開放式規劃，其次則輔以彈性拉門應對，隨開闔之間使用更不受限制。正因開放格局，設計者為顧及屋主日後好清潔維設，在地坪選擇上以超耐磨木地板、復古六角磚為主，對抗廚房油污的中島吧台檯面也選以賽麗石應對，藉由簡單潔掃、擦拭就能保持生活空間的乾淨與整齊。

圖片提供 @ 禾光室內裝修設計有限公司

1 **相異材質區分空間屬性：** 入口玄關以復古六角磚為主，入室客廳、餐廳、多功能房均以超耐磨木地板為主，除了能夠區分空間屬性外，這兩種材質也很好維護，簡單清掃、擦拭，便能常保家的整潔。

2 **別具設計巧思的沙發背牆：** 局部保留實牆、局部加入環保有機的染黑沃克板門片，共同圍塑出一間多功能房，門片開闔之間既能替空間帶來滿室明亮，也能形成獨立空間，做不同目的使用。

3 **材質使用考量後續維護：** 廚房從屋主選擇的深色系廚具設備做色系表現上的延伸，地坪上也鋪設了相同色系的復古六角磚，便於日後清理，另外，中島吧台檯面也以賽麗石為主，同樣也具備好清潔特性。

People Data

屋主 Wenchi
家庭成員 1 人
說讚好設 牆面材質運用、系統櫃體與異材質結合

好讚分析

07 巧妙選材，不失調性又好維護

本身喜歡帶點個性味道的屋主，且有健身習慣，於是經討論後讓風格以 Loft 風格為主軸，由於坪數不大，一它設計 i.T Design 在材質表現上試圖放輕力道，以義大利烙印磚、仿清水模漆、鐵件等做勾勒，既能映襯風格味道、日後維持也相當便利。由於空間屬大套房形式，設計者透過傢具界定各個小環境，整體雖然小巧，但生活機能卻相當充足。

圖片提供 @ 一它設計 i.T Design

機能 👍

1 **烙印磚映襯風格又好清理：**空間以 Loft 調性為主軸，設計者除了使用仿清水模漆元素外，也使用了義大利烙印磚，獨特的字母圖騰以及色澤質感，帶出風格的個性況味，由於本身是磚材質的，維護、清潔上也相當輕鬆容易。

動線 👍 挑光 👍

2 **讓管線、健身鐵管成合理的存在：**為呼應具個性的 Loft 風格，設計者將水電管線、風管等，全走明管形式，有秩序的安排還能兼具美感。此外，為了讓愛健身的屋主能在家自主訓練，也在天花板處加設了健身鐵管，既不突兀也能成為合理的存在。

機能 👍

3 **懸空造型書桌常保環境整潔：**設計者在有限環境下，沿牆設計了一道弧線造型書桌，且規劃為懸空形式，下方沒有其他配置，能有助於常保環境整潔，而選以木作作為材質表現，又能夠與空間十足的陽剛調性做一平衡。

People Data

屋主 Fang's
家庭成員 4 大 1 小
說讚好設 地板與牆面材質

好讀分析

質感
收納
動線
CP 值
採光

o8 交錯運用材質,創造空間小亮點

　　三代同當的屋主一家人,經過討論後,決定將公共區隔間拆除,改以開放形式呈現,不僅整體變得明亮,家人也能隨時留意家中小孩的情況。由於屋主喜觀帶點日式、簡潔的設計,盡可能讓空間線條趨於乾淨外,也藉由材質的交錯運用加強氛圍表現,時而考量到整體性、時而納入實用性,從玄關到入室後,處處可見不同材質的運用,成為該空間的小亮點外,使用維護上也不會造成屋主一家人的負擔。

圖片提供 @ 邑田空間設計

機能 👍

1 以磁磚對應油煙與落塵問題：考量到業主家中烹調仍有快炒習慣，而玄關入室則有落塵問題，因此，在這兩個空間以磁磚為主要材質。像是玄關就以板岩材質的六角磚為主，創造地坪獨特亮點，清理上也很輕鬆便利。

空間質感 👍 機能 👍

2 仿清水模加深空間俐落性：因應男主人喜好簡單、俐落的設計味道，邑田空間設計在客廳與書房的隔牆間使用了仿清水模設計，經改良後的材質，質感更細緻也更適合居住空間，日後清潔維設上也很方便。

機能 👍

3 鋪設榻榻米使用舒適又安全：取於屋主曾留日求學，對於日式榻榻米材質相當熟悉，於是設計者將此材質用於開放式書房中，不僅替屋主找回那份熟悉感，恰好家中幼童在此爬行、玩樂也很安全。

People Data

屋主 彭先生、彭太太
家庭成員 2 人
說讚好設 超耐磨木地板、木
皮、壁紙

好讚分析

質感
收納
採光
CP 值
動線

09 木質包圍，讓家更溫潤

　　喜歡木素材的屋主，渴望家盡可能地以木質做勾勒，但礙於居住環境及日後維護，改以接近實木的材質來做詮釋。地坪就以顏色較深的超耐磨木地板為主，至客廳沙發背牆則將木不同種類木皮做烤漆處理後做穿插排列，主臥則是讓木皮與壁紙做搭配，空間營造在木元素之下，但也透過替換、搭配等手法，讓空間饒富變化，同時也很好維持與清理。

圖片提供 @ 禾光室內裝修設計有限公司

空間質感 👍

1 **加強處理以利木皮後續使用**：由於木皮仍屬真實木材，上色部分除了結合烤漆處理外，原色呈現部分則有在表面進行防護步驟，如此一來，共同排列呈現於牆上時，能帶來不一樣的感受外，後續使用面向也一併考慮到了。

採光 👍

2 **木櫃立面滿足屋主的渴望**：半高電視牆後面方，主要是作為屋主擺放單車之處，由於相關裝備也需一處收納空間，便貼牆配置了大面收納櫃，足以擺放各種物品。同樣也以木櫃立面形式呈現，再次滿足屋主對於木元素的渴望。

空間質感 👍 收納 👍

3 **融合異材增添空間輕快意象**：主臥衣櫃、部分床頭牆仍是以木元素氣成連貫的溫潤色調，但在之中也加入塗料色系彩、壁紙等材質的運用，好維護清潔外，柔嫩調性也替環境帶來輕快意象。

屋主 Roddic&Tiffany
家庭成員 夫妻及鳥 Bello
說讚好設計 臥榻鳥籠區及
單車電視牆

好讚分析

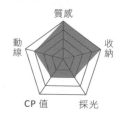

質感
動線　收納
CP 值　採光

10 是收納，也是有型有款的主牆

即將結婚的 Roddic 及 Tiffany，因為喜歡單車與旅行，加上共同養了寶貝鳥 Bello，因此買下這間新成屋時，便邀請設計師打造出這間 25 坪無印良品所講究的簡約清爽風格空間。由於採光良好，將書房改以透明隔間，開放餐廚空間讓陽光進入，同時也提供 Bello 放飛時一個寬廣的活動空間。全室以木色材質為空間打底，特別是電視牆結合視聽電視櫃及單車掛架，左右串聯玄關櫃及窗口臥榻，成為空間的視覺焦點。

圖片提供 @ 大秝設計

1

以鳥巢為意象將視覺及收納統一：因為 Bello 的關係，除了在窗台旁的臥榻設計擺放鳥籠外，上方還設計斜屋頂鳥巢收納櫃，放置 Bello 的飼料或生活用品，並從此延伸至玄關屏風及電視牆的時鐘。

2

美耐板做單車架，清理方便：為了統整性及方便整理，單車掛架改用美耐板材質設計凹槽固定，凸出的部分還可以成為 Bello 的暫停空間，減少電視牆文化石面積，以放入兩部單車，形成空間最美的風景。

3 **玄關鏤空木屏風掛衣兼遮廚房：**顧及一進門看到廚房的爐火問題，因此設計玄關格柵木屏風，並穿插鳥巢隔板做成展示板或掛衣架，解決屋主掛鑰匙、包包、外出衣物及擺放小物的便利性。

4 **繃布門片也是靠墊：**次臥採和室架高地板，除遠離濕氣外，更增加收納機能。同時在櫥櫃下方的門片設計彩色的繃布錶背，可以做靠墊，也營造空間活潑感。

People Data

屋主 蔡先生、蔡太太
家庭成員 夫妻＋ 3 小孩
說讚好設計 冷暖材質的交互
作用風格

好讀分析

11 耐髒耐用，用質樸展現生活原味

　　五口之家為了爭取寬敞的生活空間，決定搬到新家，但因格局較為狹長，有著通風不良、採光不足的問題，設計師率先調整格局，自後院納入更多微風和陽光，一家人享受著自煮共餐的美好食光，設計師以實木、鏽鐵、水泥粉光、不鏽鋼為四大重點元素，打造出呈現時間痕跡感的自然風格家！

圖片提供 @ 合風蒼飛設計工作室

空間質感讚 👍

1 廚房裡藏巧克力髒髒包：具有自然鏽蝕痕跡的黑鐵板包覆冰箱櫃和電梯，達到屋主喜愛的時間感，表面經保護漆處理，不會落塵亦便利清潔。

採光讚 👍

2 水泥粉光的內外伸展操：水泥粉光的壁面自室內延續到戶外，消弭了空間的內外界線，深淺不一的顏色展現出樸質而溫潤的氛圍。

3 抗髒污且有風格的材質佈局：應屋子裡木材櫃門的暖調基底，廚房長型不鏽鋼工作檯面、中島桌面以冷調的金屬灰展現冰火交融的趣味選搭，不僅創造耐髒耐用超高 CP 值的平檯空間，更強調出獨一無二的家個性。

機能 👍 收納 👍

維持空間乾爽舒適的設計重點

想要減輕日後清掃維護的負擔,其實要從室內設計開始規劃起,從天花板到地板、從室外窗台至室內,打造耐髒的居家環境,自然簡簡單單就能隨時保持清爽美好的家居生活。

重點 1 慎選色調搭配與材質

室內空間地板、天花或是櫃體等,如果選用明度高、彩度強的顏色或是極端顏色如純黑、純白等,一旦附著灰塵很容易看得到,而拋光磚、橘色牆這些會光滑、帶有亮光性的建材,最需要時時清理打掃,稍有髒污就容易看見,倒是仿古的超耐磨地板本來就做舊,自然色系的灰牆等,耐髒度較高。

重點 2 避免不必要的縫隙空間

縫隙是污垢是最愛停留的地方,容易累積黴菌,每次清理也相當費勁,在規劃室內設計時,縫隙愈小的天花板、壁面及地板材質,愈能減少未來清理的負擔,不妨選用縫隙小的石英磚、不拼接的烤漆玻璃代替廚房磁磚、檯面則適合選用無接縫且不易吃色的不銹鋼或石材等。

重點 3 創造通風無礙的格局

想要擁有舒適環境,就不可忽略空間中的光線與通風,保持空氣暢通,才能一掃室內的潮濕、陰暗的角落,如果家裡屬於多戶合併、單一面窗的房型,那麼就需要有完善的室內空調系統;此外,最不易保持乾爽的衛浴空間,如果沒有對外窗,可加裝暖風機,除了能將室內空氣抽出、送進乾淨的空氣,增進內外對流,還保有乾燥、抗潮濕的作用,維持空間乾爽。

重點 4 避免廚房油煙散逸

烹調過程中產生的油氣油煙,雖然每次都有清理,但日積月累還是會在壁面或週邊形成油污,想要避免油污四處散逸就需要強化抽油煙機的功效,像是油煙罩與吸入口的位置宜越低越好,或加裝側面油煙擋板,都能有效減少每次大火快炒帶來的油污。

重點 5 避免過度裝飾

造型愈繁複,打掃起來就愈費力,間接照明的光溝、凹槽線板、開放式收納都是掃除的噩夢;簡單的線條和封閉式櫃體或玻璃門片對抵禦灰塵多有幫助。此外,避免產生清潔機具不易進入的畸零空間,除了牆面外,有些系統櫃也可加踢腳板,好清掃不易髒。

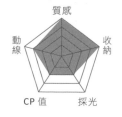
12 簡約復古，隨意收整就很有個性

　　紀先生和紀太太原本住在附近，看見年過半百的老厝位置幽靜，原本買下想要重建新家，和設計師討論後發現老屋條件不錯，經過改造後既注入新意，又保留了台灣舊時代裡常見的紅門、庭院與綠樹，屋內與屋外透過木材質與楓樹交相堆砌出復古又當代的純樸生活姿態。

圖片提供 @ 合風蒼飛設計工作室

1 　**表裡不一的木板規劃**：房子格局調整後，三面
　與院子接軌，室內木踏階僅 40 公分高，深度
　約 50~60 公分可隨時坐下，室外木臥榻更高，
　深度達 80~90 公分，方便屋主蔭下睡午覺。

2 　**大隱、大現的櫃設計**：利用廁所外圍牆面設計
　滿版的開放式書櫃，熱愛閱讀的一家人共同創
　造不同的書景；書桌後方的收納櫃則隱身在空
　間之中。

3 　**如掛畫一般的收納盒**：在自由格局的一樓當
　中，利用牆面設計木質壁櫃，不頂天立地的設
　計讓櫃體更顯輕盈，宛如牆上的一幅掛畫。

4 　**從前院走到後院的櫃體**：前後院一條龍的櫃
　子，前段在戶外僅留不銹鋼檯面作簡單的桌
　板，延續同樣材質與高度向室內延展，彷彿之
　間沒有界線。

People Data

屋主 Calvin

家庭成員 夫妻 2 人

說讀好設 全室建材使用及半開放式書房

好讀分析

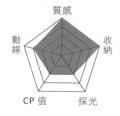

13 繽紛與懷舊共譜愛之曲

　　與老婆都在食品業界工作的 Calvin，在城中老社區找到這 35 坪的 5 年中古華廈，希望將在美國長大的懷舊溫潤氛圍帶入，但不要白；而老婆喜歡顏色繽紛的空間調性並有超強的收納機能，於是整體空間在設計師規畫下，利用區域整合機能櫃體設計，並展現多功能用途，以局部材質及老件家具畫龍點睛地設計出符合兩個人心目中理想的家。

圖片提供 @ The Moon 樂沐制作

1 　**波浪木作天花遮蔽樑柱：**天花板、地板則呼應牆面的垂直線性，作出橫向的延伸，讓木作天花從玄關開始蔓延，循著大樑設計成圓弧導角以不規則至餐廳上方收邊，取而代之的是大面積的質樸灰調，搭配復古紅磚砌築的電視牆，藉由斑駁肌理、懷舊色調，隱喻美好的歲月痕跡。

2 　**木質板材拼接弧形儲藏牆面：**運用木質板材的拼接，製造層遞有序的立面風貌，並將儲藏房門開口穿插其中，沿著弧形牆面引申流暢的動線脈絡，從玄關引領至公共場域，仍到私密空間。染色木板除了有視覺跳色外，也把把手機能引導。

3 　**植生牆紅酒櫃為生活添樂趣：**結合玄關鞋櫃及餐櫥櫃機能的隔間雙面櫃體，在餐廳這面設置了紅酒區外，並規畫一面由永生草建構的植生牆，搭配試管穿插，讓女屋主可以視季節及心情更換花卉，為空間增添生命活力。

屋主 X先生

家庭成員 夫妻

說讚好設 開放餐廚及北歐衛浴

好讚分析

14 輕透亮白的湖畔爍光

　　雖然是為了退休生活而規畫的居住空間，但對於喜歡隨時保持清潔的屋主來説，如何能快速清理，保持空間整齊也不容小覷。因此在設計師重整這間已有15年屋齡的30坪老屋國宅，透過空間整合把3房改2房，並將原廚房改為客浴及儲藏室，餐廚改為開放式設計，建材的選用及設計採輕透亮白為原則，方便清理。

圖片提供 @ 潤澤明亮設計事務所（02-2764-8729）

1 不同白色上漆手法營造空間層次：為展現純白的空間視覺，全案採用全效系列白色乳膠漆鋪陳，在牆面或天花的噴漆及立面櫃體的烤漆交織呈現，營造層次感。而木地板則採北美淺色橡木的德國超耐磨木地板打造。

2 透明壓克力強化空間通透感：運為呈現屋主想要的白色清透感，因此在家具及家飾挑選上以透通材質呈現，如餐桌的壓克力桌腳及手吹玻璃吊燈，營造北歐簡約生活氛圍。

機能 👍 動線 👍

機能 👍

3 不鏽鋼板及花磚，清理及風格兼顧：考量做菜油煙問題，因此在爐具立面用不鏽鋼板包覆，方便清理。但在廚具中間則以特殊進口花磚鋪陳，營造風格，也成為開放廚房的視覺焦點。

4 地鐵磚＋六角馬賽克磚，實用兼美觀：明快好清理的設計語彙，也延伸至衛浴空間，透過牆面的歐式地鐵磚，與地面三種同色系的六角馬賽克拼花相呼應，增添白色衛浴空間的活潑氛圍。

People Data

屋主 顏先生、顏太太
家庭成員 4 人
說讚好設 實木、紅磚、仿飾水
泥砂漿、鐵件、不鏽鋼金屬
沖孔板、長方磚

好讀分析

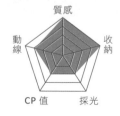

15 運用建材，創造不卡污率性生活

　　由於屋主喜歡具個性化的工業風，設計者便以紅磚、仿飾水泥砂漿、鐵件等元素做鋪陳，元素安排之間適度留白外，也加了點木元素做平衡，讓風格表現不失個性感，同時又帶點溫度。大空間中也徹底地屋主興趣、蒐藏融入，入口玄關與客廳間規劃了半穿透的展示間，除了用來擺放女主人的演奏型鋼琴外，也在一旁配置了 L 型的展示櫃，下層可放置樂譜與其他雜物，上層則可擺放男主人的模型蒐藏。

圖片提供 @ 維度空間設計

2 木元素平衡工業風的冷調：空間主要仍作為住宅使用，為了讓它看起不那麼冰冷，設計者選擇在環境中加入了木元素，地坪、櫃體等都可見著蹤跡，隨各式木種色澤紋理共同交織下讓整體更具層次，也平衡了風格的冷冽感。

1 轉換運用重現材質特色：空間中水泥的表現，設計師選以仿飾水泥砂漿來做表現，效果不輸真實水泥、日後也很好維護；另，也在原本片上包覆了不鏽鋼金屬沖孔板，並以烤漆做表面處理，適當轉換運用，巧妙地圍塑出風格氛圍，也看見材質的另一項特色。

收納👍

People Data

屋主 尹先生
家庭成員 夫妻 + 二子
說讚好設 展示櫃

好讚分析

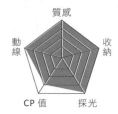

16 收藏融入設計，中西合併的藝術宅邸

　　從屋主收藏作為設計主軸的新成屋住宅，以中西合併的概念，將中式元素表現於綠紋白底大理石材質、玻璃夾紗展示櫃體，並點綴隱喻青花瓷的藍色元素，客房取消換來可容納 20 人的餐廳，加上集中展示所有收藏，巧妙的是當玻璃門片敞開之後，除了可看見完整的收藏品，客廳也變成獨立可留宿的空間，玄關與廚房的雙面櫃體右側則刻意留出通道，當客廳有家人過夜使用，就能由此進出不受打擾，同時讓空間更有穿透流通的視覺效果。

圖片提供 @ 馥閣設計

機能 👍 收納 👍 空間質感讚 👍

機能 👍 收納 👍 採光讚 👍

1 **多用途的玻璃展示櫃：**因應屋主收藏中式瓷偶的需求，客餐廳以一座可雙面使用櫃體打造而成，面對餐廳的區域為展示櫃機能，玻璃夾紗門片可彈性決定是否將全部的展品做陳列，當門片闔上，僅有中間的開放展示功能，透過每周或每月選品的概念增加收藏樂趣。門片的另一個功能則是讓客廳可成為獨立空間，適時轉換為臨時留宿使用。

2 **開放設計讓登機箱使用更便利：**小孩房的使用者是在美從事服裝設計師的兒子，帶點弧度的開放式衣櫃展現如櫥窗陳列般的效果，左側層架特意採開放形式，經過精算的尺度安排，讓回國的兒子可以直接擺放登機箱做整理，下方亦可收納行李箱。

採光 👍 機能 👍 收納 👍　　　　　　機能 👍 收納 👍

3 **建築畸零化身收納基地：**許多新成屋為了外觀設計的對稱與美觀，造就室內邊角都會有畸零角落，這間房子的小孩房與主臥房亦是如此，妥善規劃為收納空間，甚至穿衣鏡，讓每個角落都不浪費，化身更實用的機能。

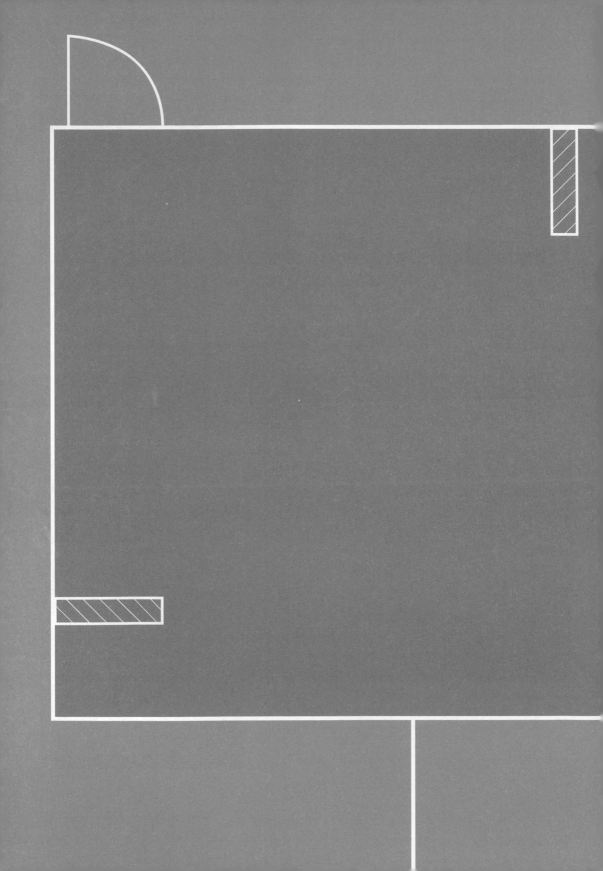

PART V

實用規劃
用簡單形塑家的好風格

01 毛孩設計屋好紅，當心中看不中用

圖片提供 @ 木介空間設計、
繪圖 @ 黃雅方

許多家有寵物的屋主，在規劃新環境時，往往同時考量到自家寵物的習性與喜好，而做了更多別出心裁的設計，例如空間貓道、活動門、貓狗睡窩等，雖然增加了空間機能與豐富性，但在清潔整理、維護方面忽略了實際的需要，特別是換季期間容易掉毛、發情期容易四處排泄等，過高的貓道跳檯就很可能在日後成為費力清潔的一大隱憂，在規劃時需要有兩全其美的通盤考量。

02 家裡太繽紛，心情亂紛紛

設計師說，有橫有直的櫃子才繽紛！

但我們家哪有那麼長的展示品好放咧？

圖片提供 @ 寓子設計、繪圖 @ 黃雅方

Solution
適切的設計，才是裝潢的關鍵

　　常見坊間許多傑出室內設計作品中，不乏繁複的櫃體設計，為家裡創造十分吸睛的角落，不過「家」是用來居住的，既不是設計師的作品，也不開放參觀，與其講究華美風格，倒不如考量實際的使用性。不少屋主以為櫃子做得多機能才完整，卻往往忽略的收納的使用習慣；運用大片的牆面玩色彩、玩設計，看起來繽紛有趣，卻也容易看久之後形成空間中的無形壓力。如果不能從實際面思考居家設計，最後往往流於「花了錢卻沒有得到相對使用價值」的結果。

哇~媽媽我又撞到頭了

為了遮住上方的樑，所以書房空間又更小了~唉

圖片提供 @ 倍果設計、繪圖 @ 黃雅方

Solution

有捨有得，才能充分運用空間

　　若室內有大樑柱，即使利用天花板包覆，仍會帶來壓迫感，與其想著運用畸零地設計活動空間，最後很可能因為不符合人體工學而白白犧牲了空間，倒不如直接運用這些地方作收納，例如沿大柱四周規劃大面櫥櫃，將柱子牆面包裹隱藏，如此一來不做能淡化大樑下形成的壓迫感，還能擁有更多雜物收納，空間中少了樑柱的角度線，立面也更清爽。過度狹小的空間若不適於活動，也可直接作為儲藏間、更衣室，讓臥室更寬廣。

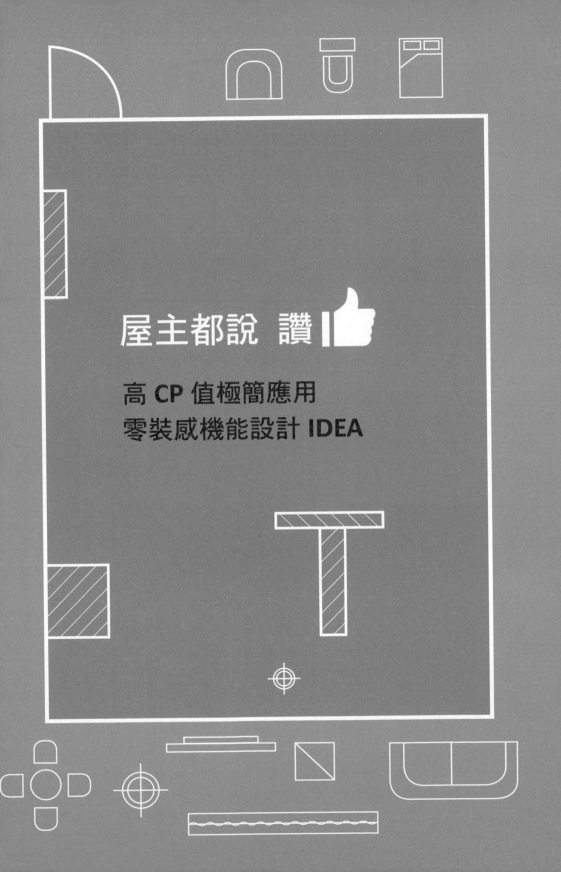

屋主都說　讚

高 CP 值極簡應用
零裝感機能設計 IDEA

兼顧機能與維護的
創意小設計

People Data

屋主 許先生
家庭成員 一人
心機好設計 吧檯桌

好讀分析

質感
收納
動線
採光
CP 值

01 一人住剛剛好的機能無壓宅

　　只有 15 坪的 40 年老屋卻硬是隔出二房一廳，以一個人的居住為前提，將空間回復到寬敞舒適的生活尺度，除了衛浴之外皆捨棄門片，搭配自然建材的運用，以及機能整合規劃，小家清爽好整理。

圖片提供 @RND Inc

1 **樺木夾板打造共享機能櫃牆：**僅僅 15 坪的小家，利用一座雙面機能櫃體作為隔間，面對客廳是設備櫃、展示櫃，百葉門片之下更是小型儲藏室，對應臥房一側則是衣櫃，櫃體刻意地不及頂設計、以及取消房門，空間自然有加倍放大感。

機能 👍 動線 👍

2 **自然素材、還原結構，小家清爽無壓：**原本窩在陽台的小廚房挪移至客廳旁，保留老屋既有的獨特水泥板模天花，除了可拉大空間尺度，也有精簡裝潢預算的效果，對應而下的中島區立面搭配空心磚材，呼應裸露天花的質樸本質。

機能 👍

3 **輕金屬面板好清潔：**相較一般常見的塑膠開關面板，不鏽鋼材質更好清潔、也較為耐髒，同時也保留了一點復古年代的氛圍。

People Data

屋主 金先生
家庭成員 夫妻
說讚好設計 餐廚收納

好讚分析

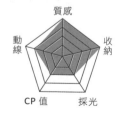

02 隱形佈局，清爽小家也擁有高感變化

　　3 坪老屋過往卻配置了三房，每個房間都很小，加上老舊霧面鋁窗、深木色裝潢，空間擁擠又陰暗。重新整頓後，將公共廳區做開放連結，換上白色通透的大面落地窗，廚房以玻璃拉門區隔，加上大量的白色做為空間背景，以及利用格局巧思讓收納看似隱藏於壁面，空間不但變大，也享有充足的機能。

圖片提供 @ 爾聲空間設計

2 **黑色系書房弱化大樑結構：**藉由隔間牆的些微退讓所產生的走道式書房，刻意從櫃體延伸至天花都覆以黑色，藉由強烈的對比反差削弱大樑結構，也一併將主臥房門隱藏修飾。書桌左側下方的四宮格開放層架則是收納遙控器、衛生紙等較為凌亂的生活物件。

1 **廚櫃與神桌完美融合：**無法避免的神桌設計，既要符合尺寸還要配合位置，善用餐廳旁的空間，由廚櫃延伸出一致的餐櫃設計，並透過木皮材質的轉換打造出神桌機能，看似為整體設計。

3 **玻璃拉門、白色落地窗，讓光自由流動：**昏暗老舊的公寓住宅，廚房採取玻璃拉門，老舊鋁窗也更換上清爽的白色落地窗，特意保留的前陽台也鋪上白色系六角磚，加上公領域的開放串聯，微調次臥隔間稍微放大廳區，讓前後光線可以自由流動，空間感無形中也更為寬敞。

People Data

屋主 潘先生、潘太太
家庭成員 夫妻＋ 2 小孩
心機好設計 魔術方塊般的
　　　　　　 機器設備盒

好讚分析

質感
收納
動線
CP 值
採光

03 風格功能內外兼備的居家微整

　　本身職業都是醫生的夫妻倆，對於生活與教育都很有一套自己的理念，著重家人相處在一起的時光，廚房放在採光和最佳視野的位置，公共空間採完全開放的設計，讓熱愛下廚的潘太太，料理時也可掌握年幼孩子隨時的動態，共渡美味的餐桌時光。

圖片提供 @ 福研設計

機能 👍 空間質感 👍

1 廚房臥榻實用小心機：格局更動後，調整廚房位置並加入中島的規畫，因應水管配置而架高地面，窗邊的畸零空間規劃為臥榻，踏墊下作為收納空間。

收納 👍 空間質感 👍

2 超薄書櫃讓藏書量倍增：喜歡藍色給人放鬆的感覺，搭配極薄的鐵片隔層，不僅可以放入更多的書，也讓此書牆成為女屋主料理時可欣賞的景致。

機能 👍 收納 👍

3 **All in one** 的多功能櫃：不希望家中有明顯的電視，便將電視櫃以隱藏式的設計，結合開放式的廚房設備櫃，使客廳和廚房的機能更加完整！

People Data

屋主 陳小姐
家庭成員 1 人 +1 貓
心機好設計 主臥及更衣室

好讀分析

04 心機櫃體，打造人貓一樂園

　　自覺個性像貓咪一樣慵懶的單身女屋主陳小姐，喜歡 LOFT 風格的輕鬆舒適感，因此買下這個 5 年的 17 坪小宅後，請設計師規劃一人一貓的休閒住宅，除了要求調整格局及動線外，並希望在空間裡能擁有臥榻及預設好的實用機能，與愛貓有更多時而親密，時而獨立互動關係。

圖片提供 @ 澄橙設計

空間質感 👍

1

聰明櫥櫃，好收好整還能當貓跳台：臥室分為睡眠、書房、更衣三區塊，且室內大量櫃體則暗藏玄機，不僅有大量的收納空間外，造型也因應貓與主人有了更多的互動關係。例如為保留窗邊採光的階梯式五斗櫃設計，搭配開放式吊掛式衣櫃，方便屋主收納管理外，也是喵星人的活動跳板。間。

採光 👍

2

睡眠區以大臥榻鋪陳，人貓一起休憩：睡眠區則以訂製架高 45 公分的大臥榻取代一般床具，底下也有收納機能，而床腳的階梯及書櫃，成為喵星人最愛逗留的去處。

收納 👍

3

梳妝鏡隱藏書桌，也是化妝桌：以原木搭配鐵件的長型書桌，設置在穀倉拉門之後，並將梳妝鏡嵌入隱藏在書桌抽屜上面，方便屋主可能情況掀起使用，讓書桌有元使用的可能。

People Data

屋主 劉先生
家庭成員 夫妻 2 人
心機好設計 遊戲間、儲藏櫃

好讀分析

05 清爽、質樸、實用，打造零裝感家居

　　夫妻倆對於無印良品風格十分嚮往與喜愛，期盼新家也能如無印系般的簡約乾淨，從格局的開放串聯，釋放出寬闊的空間框架之外，材料色系圍繞在白、灰、木質基調，再調入些微的綠色，櫃體規劃也以開放層架、懸浮式、內嵌式的手法呈現，完整賦予屋主一個白色純淨的無印之家。

圖片提供 @ RND Inc.

1 無重量的懸浮收納心機：因應屋主喜愛的無印良品風格，以水泥地坪劃設的玄關場域，透過線條簡約俐落的純白色櫃體、加上木質層板規劃，讓收納變得輕盈無壓力。

2 可彈性變更的無印系衣櫃：利用樑下僅有 200 公分的高度，將牆面規劃為衣櫃，內部配置採取層板、吊桿和活動式 PP 盒的組合型態，讓屋主可彈性調整衣物的收納方式，除此之外，由於衣櫃內高度有限，門片上端以軌道燈作立面固定，往內投射即可創造所需光源。

3 大拉門遊戲室把空間極大化：將客廳規劃於過道上，一旁緊鄰的空間做為遊戲室、客房使用，兩者之間採取三片大拉門的設計，平常多半是敞開狀態，視野變得極為開闊，而對於喜愛體感遊戲的夫妻倆來說也更為實用。

4 放大鏡面＋間接照明，拉闊空間感：將主臥衛浴僅保留盥洗、如廁功能，完整的泡澡、乾溼分離則規劃於另一間衛浴。由於空間較為狹窄，特意將訂製鏡框放大至極限，加上右側間接光源設計，創造延伸拉闊尺度的效果。

People Data

屋主 Rachel & Sean
家庭成員 2 人
心機好設計 雙書櫃、電器櫃、
景觀台、植栽牆

好讀分析

o6 調和新舊機能，重塑家的小清新

　　本身屋況已相當不錯，於是適時地打開空間，透過新增設的機能，串起相異空間的新關係，像是客廳與書房的雙書櫃、廚房與餐廳的電器櫃，改善動線也滿足使用機能。倍果設計也將兩人的喜愛的白色、藍色巧妙地融入空間裡，簡單卻充滿清新感；由於屋主也喜歡綠色植栽，設計者便在客廳電視牆上，以小方磚闢了一處能讓吊掛綠意植栽的地方，滿足種植的渴望，也替空間注入更多的生氣。
圖片提供 @ 倍果設計有限公司

1 欣賞戶外景致的絕佳觀景台：由於室外擁有不錯的海景，窗景以落地窗形式呈現外，也在窗邊加設了一道木作檯面，放上兩張高腳椅，這兒就成為夫妻倆欣賞戶外美麗景色的絕佳景觀台。

2 看見櫃體的充分運用：櫃體的後方設計者當然也沒有忽略，除了加入烤漆玻璃和鐵板外，讓牆面擁有塗鴉與留言的功能。在一旁的畸零地帶也以收納、展示櫃做呈現，玄關櫃轉角重疊處亦規劃為客廳的工作收納櫃提高整體的使用性，也將每一處做了最好的運用。

3 新增電器櫃體串起廚房和餐廳：原先廚房屬封閉形式，再加上屋主有擺放廚房電器的需求，於是先將廚房空間打開，向外延伸砌了一道電器櫃，並接續配置了餐桌，讓使用動線更合理的存在，需求也獲得改善。

4 珪藻土牆面照顧家人的健康：延續客廳電視牆使用珪藻土的方式，主臥主牆同樣也以珪藻土為主，透過灰白雙色調和出有別以往的味道，也能藉材質帶給屋主一家健康的生活環境。

People Data

屋主 Roddic&Tiffany
家庭成員 夫妻及鳥 Bello
心機好設計 廚房吧檯及書櫃

好讀分析

質感
收納
動線
CP 值
採光

07 通透設計蘊藏家的無限實用力

位在台中 25 坪的新成屋居家，為使採光進入空間，考量屋主才剛結婚，沒有急切想生小寶寶的需求，因此將原本三房兩廳的格局，將一間隔間改為玻璃取代實牆的書房，而書櫃後方則設計成儲藏空間好利用，將家電及行李箱、厚重衣物可輕鬆收納。廚房改為開放式設計，讓陽光得以深入室內每個角落。全室在純白及極簡的原木氛圍裡，打造出符合屋主喜好的空間溫度。

圖片提供 @ 大秝設計

1 **吧台界定空間，盆栽營造綠意：**
保留建商的 L 型廚具，因應屋主
要求將廚具延伸架高中島吧台，
成為開放式餐廳區域，並界定空
間。左側拉門則為儲藏室出入口，
而右側文化石上方的白色牆則上
磁鐵漆，放置磁鐵小盆栽，營造
家中綠意。

2 **百葉窗調整光源：**由於屋況非常
好，採光極佳，因此將書房隔間
改成通透玻璃，讓採光得以進入
室內各個角落，並搭配可調整的
百葉窗，讓書房可開放及獨立。

3 **書櫃烤漆玻璃門板做留言板兼收
納：**透明書房的長桌更符合屋主
想要閱讀、用電腦、拼拼圖的機
能。書櫃擺放書籍或玩具小物方
便，機能強，並運用烤漆玻璃做
活動門片，兼做留言板。

People Data

屋主 陳小姐
家庭成員 1 人
心機好設計 牆面及泡澡區

好讀分析

質感
收納
動線
CP 值
採光

o8 **有型有款有機能的法式小窩**

喜歡旅行、攝影、咖啡及泡澡的單身女屋主，在從事教學工作幾年後，買下這間約 5 ～ 6 年的中古屋，由於考量未來轉手問題，不但將管線全更換，更將原本 2 房 1 廳的空間改造成大套房概念，擴大衛浴空間，並以純白色基底著手，透過陽光照射牆面打鑿或跳色的家具及布料上，呈現不同光影折射，渲染這空間帶出溫潤質地的工業風格。

圖片提供 @ MUSEN 慕森設計

1 **牆面打鑿營造光影層次**：坪數小，不建議用太過強烈的色彩搶去空間本質，因此以純白為基底，並在光滑牆上做局部打鑿再噴漆，呈現精緻中帶點粗糙美感，並在陽光撒進空間時，因光影折射出不同層次效果。

2 **用鋼構線條做場域劃分**：為放大空間感，從一進門便採開放式設計，讓視覺貫穿，採光也可進入室內。但仍考量場域劃分問題，因此空間下方運用高低地板及矮櫃、家具、地毯等區隔，但在空間上方則利用細緻白色鐵件鋼構線條創造公私場域界線。

3 **攝影棚 Spotlight 燈具強化工業風**：愛旅遊又帶點中性爽朗性格的陳小姐，喜歡簡單不複雜的設計，因此在燈具選擇上也採簡單線條的 EMT 管呈現。唯有在臥房及客廳攝影作品牆面，則以攝影棚專業燈具做為壁燈，強烈聚光效果，讓白牆呈現戲劇效果。

4 **貓腳獨立浴缸形塑法式風格**：屋主只有一個堅持，就是浴室一定要有浴缸，才能享受放鬆時刻。因此除了加大原本衛浴空間外，更挑選貓腳獨立浴缸、復古花磚、錨釘鐵件門片搭配玻璃等元件，形塑國外飯店休閒衛浴氛圍。

People Data

屋主 花先生
家庭成員 夫妻
心機好設計 客餐廳

好讚分析

質感
收納
採光
CP值
動線

09 回歸單純架構，混搭專屬理想空間

有別於一般人買屋後立刻裝潢，屋主倆人反而是生活一陣子再思考未來空間的需求與樣貌。男屋主喜愛 3C 與工業風格、女屋主則是偏愛繽紛鄉村風以及手作縫紉，在倆人為主的空間框架之下，設計師捨棄層層的包覆性裝飾，透過自由動線的串聯，以及讓工業與鄉村風以現代手法作為呈現，創造獨一無二的居住氛圍。

圖片提供 @ KC design studio 均漢設計

機能 👍 動線 👍 收納 👍

1 自由動線帶來有效率的生活路徑：長方形格局透過自由動線，創造出一層層的空間串聯趣味，私密空間擁有最大的開放性使用，如：健身房，更衣室，衛浴空間及主臥，可以是一個大空間的使用也可各自的存在，而不受外人干擾。

收納 👍

2 鐵網折板天花創造穿透與照明：藉由樓板與樑有著極大的高度落差，利用折板的高低角度穿越開放區的各個領域，折板結構上也整合對上以及對下的照明，滿足空間複合式的亮度使用。

3 開放生活圈串聯更多互動：將原本窩在角落的廚房重新做配置，因應下廚需求打造內外廚房，外廚房提供輕食料理，中島吧檯下的活動餐車賦予收納、展示，使用上更便利，花磚。

收納 👍

屋主 廖先生姐
家庭成員 夫妻 2 人
心機好設計 玄關的旋轉格柵圍

好讚分析

10 用簡約包覆機能的積木量體之家

　　分別從事服務業及銀行業的廖先生及廖太太，因為兩人決定攜手度一生，所以在三峽買下這間房子當新房。對空間需求，希望能以北歐風作為設計的主體，要有開闊舒適的公共空間外，一定要有中島及吧檯區域，滿足夫妻兩人動手做料理及調酒的樂趣。

圖片提供 @ The Moon 樂沐制作

機能 👍 收納 👍 空間質感 👍

1 **架高吧檯桌隱藏廚房雜亂兼情趣：**將廚房改為開放式空間，讓原本走道的區域轉變為 型中島區，上方為工作檯面，下方兼具收納櫥櫃。透過架高的吧檯屏風及廚房天花設計，與公共空間做場域區隔，也修飾掉廚房的視覺雜亂。

動線 👍

機能 👍

3 **以積木塊體呈現場域分界：**色彩是北歐風格很重要的設計元素，透過淡墨綠顏色的量體營造，並用牆面斷開天花的手法，從餐廳背牆一路延伸至廊道，形成獨立的積木量體在低調空間裡形塑有趣語彙，區隔公私場域關係。

4 **可轉動屏風格柵營造光影變化：**考量良好的採光，將玄關屏風設計成可旋轉的木質格屏，視屋主的心情調整全然開放或是密閉，或是調整屏風木板的角度，營造空間裡不同光影變化，形成另類風景。

193

People Data

屋主 楊姓屋主
家庭成員 老奶奶、夫妻
心機好設計 3 間儲藏室及和室

好讀分析

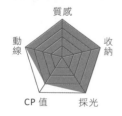

質感
收納
動線
CP 值
採光

11 用家的符號描繪溫馨機能

屋主為 60 ～ 70 歲已退休的楊姓台商，因為要回來照顧高齡已 96 歲的老母親，便將母親居住的 40 坪老房子重新裝修，希望能規劃一個無障礙的 3 房 2 廳居所空間外，並可提供假日時，孫子及曾孫回來時居住及休憩的場域，同時要有強大的收納機能，以容納一家四代平日使用的物品，及男主人的收藏品，尤其像和室及書房的架高地板底下均可收納。

圖片提供 @ 構設計

空間質感 👍

1 **雙門櫃手法打造三間儲藏室及玄關櫃**：因應屋主大量收納的需求，利用畸零空間硬擠出三間儲藏室，分別在和室、餐廳兩側。並與玄關鞋櫃兼電視櫃的雙面櫃體手法，設計一邊為展示空間，一邊為收納櫃。

機能 👍 收納 👍 採光 👍

2 **地壁均可收納的和室遊戲間**：將客房設計成架高和室兼收納櫃外，同時也是小朋友的遊戲間。而壁面上方為衣櫥，下方為棉被收納櫃，衣櫥對面還有一間隱藏儲藏間。

機能 👍 收納 👍

3 **利用樑與樑之間設計展示吊櫃**：老舊公寓的樑很多又貫穿空間，因此利用分別貫穿廚房及房間兩根樑中間，也就是吧台上方，設計上層展示吊櫃，可放置植栽或出國添購的馬克杯或餐具。

People Data

屋主 Michael、Una
家庭成員 4 人
心機好設計 空間斜角

好讚分析

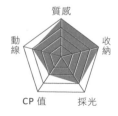

12 **多元運用，空間簡單卻充滿趣味**

頗能接受新穎想法的屋主，在確立格局與機能需求後，便放手讓方構制作做規劃，設計師嘗試在環境中加入斜角設計，從天花板、壁面，甚至到傢具擺放做一致性的鋪排，不僅保有空間的開闊性，同時也增添視覺上的趣味。用色上屋主也敢於挑戰鮮明色彩，於是設計師也大膽地在空間中注入亮色元素，像是客廳中鮮黃色沙發、紅色鋁百葉等，替空間帶來驚艷的視覺，也讓整體更顯趣味與變化。
圖片提供 @ 方構制作空間設計

斜角語彙讓空間、視覺更具延伸性：
為了維持環境的開闊性，設計者除
了打通空間之外，也加入斜角語彙，
像是以美絲吸音板為材質的天花
板，再到牆體的立面設計，最後則
是沙發的鋪排，既不破壞空間的寬
闊尺度，空間與視覺也獲得延伸。

玄關櫃滿足一定的收納量：為了不
讓過度的收納櫃體影響整體設計與
風格呈現，設計者選擇在幾處重點
空間配置足夠的櫃體，像是玄關為
一例，沿牆而生的玄關櫃，足以擺
放一家人的鞋之外，也能擺放其他
生活物品。

3

臥榻圍塑出彈性空間：全然開放的
空間裡，為了能想要有更清晰的格
局定義，設計者透過傢具的鋪排來
界定。像是客廳房的多功能空間便
是以臥榻來圍塑，家人使用時可以
是遊戲、閱讀的環境，當友人來訪
時又可與客廳、餐廚區整合為一個
大空間。

4

收納 👍

中島吧台＋餐桌，提升使用性能：
室外陽台區配有適合中式烹調的廚
房，室內的中島吧台結合餐桌則適
應西式料理為主，藉由不同的料理
屬性來做機能的安排，有效使用空
間坪數，也幅提升使用性能。

People Data

屋主 Mika
家庭成員 2 人 3 貓 1 狗
心機好設計 層架、吧台、電器櫃、衣櫃與玄關設計

好讚分析

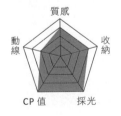

13 喵肥家潤超機能變型宅

　　32 坪大的空間，為了讓人與毛孩共處都自在，將 4 房格局改為 3 房形式，並透過開放式設計，配置空間，3 貓、1 狗能恣意地遊走空間，屋主也能隨時留意牠們。整體以屋主喜愛的白色做鋪陳，適當地各個空間加入一點異材質如六角磚、仿清水模等，不影響整體清爽潔白的呈現，還能在乾淨的環境中看見材質所帶來的小亮點。

圖片提供 @ 木介空間設計 M.J Design

1 既是書架同時也是貓跳台：餐廳還身兼工作區、書房之用途，因此設計者在牆面上配置了以層板為設計的書架，除了擺放書籍、蒐藏品之外，其也擁有貓跳台功能，作為毛孩子們的遊戲場所。

2 **順角度增生廚房相關機能：**因玄關屏風的設立，連帶室內格局也做了點調整，像是廚房便順應角度再衍生出相關電器櫃、中島吧台等，拉大尺度後，不只讓使用機能更為完整，整體動線也變得很流暢。

3 **C 型鋼＋紗簾，成就特別的更衣室：**主臥中擺入 King Size 的大床後，壓縮到空間中其他機能的使用，於是設計者在床的後方以 C 型鋼結合紗簾，建構出特別的更衣室，讓床有了依靠同時也解決了收納問題。

4 **沿樑下創造隱形的收納機能：**由於客廳電視牆下剛好有一道橫樑經過，為了收齊空間中的線條，沿樑下的電視牆後方規劃了儲藏室，雙門進出相當便利；再往旁邊延伸過去則是鞋櫃，不僅提升收納機能，一致性的設計也使得空間立面更為乾淨。

採光 👍

採光 👍

收納 👍 機能 👍 採光 👍

People Data

屋主
家庭成員 夫妻
心機好設計 旋轉電視牆

好讀分析

質感
動線　收納
CP 值　採光

14 簡約舒適視野，整理也可以很優雅

　　喜愛北歐風，又渴望擁有一個好整理的居家，有可能兩全其美嗎？設計師簡化裝飾性的線條與物件，開放廳區毫無隔間阻礙，異材質地坪也維持著一致無落差，廚衛更是鋪貼好擦拭、清洗的復古磚材，讓風格與實用兼具。

圖片提供 @ 北鷗設計

1 **簡化設計避免灰塵堆積**：不論是牆面或是櫃體設計，捨去多餘的線條與裝飾，壁面單純以塗料刷飾，櫃體造型簡單俐落，清爽無負擔的設計，避免灰塵累積，隨手一擦就乾淨。

2 **無落差地坪打掃更便利**：磁磚與人字拼貼的超耐磨木地板，少了收邊條的干擾，準確抓出一致水平，加上懸浮式櫃體設計、公共廳區的減法硬體設計之下，打掃更無障礙。

3 **仿石壁磚讓油汙更好清潔**：廚房壁面貼飾仿大理石紋的六角花磚，少了大理石難保養的疑慮，輕鬆就能將油汙擦拭乾淨，卻又能創造出畫龍點睛的視覺效果。

Designer
設計師

二三設計 23DESIGN
TEL 03-316-5223
ADD 桃園市蘆竹區經國路 908 號 7 樓

CMYK studio 分寸設計
TEL 02-27185003
ADD 台北市富錦街 8 號 2 樓 -3

Copyright Double 倍果設計
TEL 02-2301-1512
ADD 台北市萬華區中華路二段 416 巷 68 號 9 樓之 3

FUGE 馥閣設計
TEL 02-23255019
ADD 台北市大安區仁愛路三段 26-3 號 7 樓

KC Design 均漢設計
TEL 02-25991377
ADD 台北市中山區農安街 77 巷 1 弄 44 號

RND Inc. 空間設計事務所
TEL 07-2821889
ADD 高雄市新興區南台路 43 巷 23 號 3 樓

TheMOO 樂沐制作
TEL 02-27328665
ADD 台北市臥龍街 145-1 號 1 樓

一它設計 i.T Design
TEL 037-333-294
ADD 苗栗市勝利里 13 鄰楊屋 20-1 號

大秫空間設計
TEL 04-22606562
ADD 台中市南區南和路 38 巷 50 號

子境空間設計
TEL 04-26316299
ADD 台中市龍井區東海街 150 巷 46 號

方構制作空間設計
TEL 02-27955231
ADD 台北市內湖區民權東路六段 56 巷 31 號 1F

日作空間設計
TEL 03-2841606
ADD 桃園市中壢區龍岡路二段 409 號

木介空間設計 M.J Design
TEL 06-2988376
ADD 台南市安平區文平路 479 號 2 樓

北鷗設計工作室
MOB 0922-077695
ADD 新北市圓通路 367 巷 33 弄 136 號 4 樓

瓦悅設計
TEL 02-25177582
ADD 台北市民權東路二段 152 巷 5 弄 19 號 2 樓

禾光空間設計
TEL 02-27455186
ADD 台北市信義區松信路 216 號 1 樓

合砌設計 HATCH Design Co.
TEL 02-27566908
ADD 台北市松山區塔悠路 292 號 3 樓

合風蒼飛 設計工作室 Soar Design Studio
MOB 0963-366108
ADD 台中市五權西路二段 504 號

聿和設計－尤噠唯建築師事務所
TEL 02-27620125
ADD 台北市民生東路五段 137 巷 4 弄 35 號

邑田空間設計
TEL 02-8521-7068
ADD 台北市南京東路二段 137 號 14 樓

采金房 Interior Design
TEL 02-25362256
ADD 台北市中山區民生東路二段 26 號

唯光好室 Vhouse
TEL 05-2752707
ADD 嘉義市藝術新村 11 號

寓子空間設計
TEL 02-28349717
ADD 台北市士林區磺溪街 55 巷 1 號 1 樓

構設計
TEL 02-89137522
ADD 新北市新店區中央路 179-1 號 1F

爾聲空間設計 Archlin Studio
TEL 02-23582115
ADD 台北市大安區永康街 91-2 號 3 樓

福研設計 | HappyStudio
TEL 02-27030303
ADD 台北市大安區安和路二段 63 號 4 樓

維度空間設計
TEL 07-2316633
ADD 高雄市前金區成功一路 476 號 1 樓

慕森概念有限公司
TEL 04-23761186
ADD 台中市西區懷寧街 141 號

潤澤明亮設計事務所
TEL 02-27648729
ADD 台北市延壽街 7 號 1 樓

澄橙設計
TEL 02-265986906
MOB 0910-063285
ADD 台北市內湖區港華街 101-2 號 1 樓

Solution 105

屋主都說讚！超心機好設計

超乎想像的實用空間巧思全面集結，用妙招搞定惱人的居住細節

作　　者｜漂亮家居編輯部
責任編輯｜施文珍
採訪編輯｜許嘉芬、李寶怡、余佩樺、詹雅婷、高寶蓉、施文珍
美術設計｜FE 設計葉馥儀
美術編輯｜黃思諭
行銷企劃｜呂睿穎
發 行 人｜何飛鵬
總 經 理｜李淑霞
社　　長｜林孟葦
總 編 輯｜張麗寶
叢書主編｜楊宜倩
叢書主編｜許嘉芬

出　　版｜城邦文化事業股份有限公司 麥浩斯出版
E-mail｜cs@myhomelife.com.tw
地　　址｜104 台北市中山區民生東路二段 141 號 8 樓
電　　話｜02-2500-7578

發　　行｜英屬蓋曼群島商家庭傳媒股份有限公司城邦分公司
地　　址｜104 台北市中山區民生東路二段 141 號 2 樓
服務專線｜0800-020-299（週一至週五 09:30~12:00、13:30~17:00）
服務傳真｜02-2517-0999
服務信箱｜service@cite.com.tw
劃撥帳號｜1983-3516
劃撥戶名｜英屬蓋曼群島商家庭傳媒股份有限公司城邦分公司

香港發行｜城邦（香港）出版集團有限公司
地　　址｜香港灣仔駱克道 193 號東超商業中心 1 樓
電　　話｜852-2508-6231
傳　　真｜852-2578-9337
電子信箱｜hkcite@biznetvigator.com

馬新發行｜城邦（馬新）出版集團 Cite(M) Sdn.Bhd.
地　　址｜41, Jalan Radin Anum,Bandar Baru Sri Petaling, 57000 Kuala Lumpur, Malaysia
電　　話｜603-9057-8822
傳　　真｜603-9057-6622

總 經 銷｜聯合發行股份有限公司
電　　話｜02-2917-8022
傳　　真｜02-2915-6275

製版印刷｜凱林彩印股份有限公司

出版日期：2018 年 4 月初版一刷
定價：380 元

Printed in Taiwan
著作權所有 · 翻印必究（缺頁或破損請寄回更換）
ISBN 978-986-408-372-5

國家圖書館出版品預行編目資料

屋主都說讚！超心機好設計：超乎想像的實用空間
巧思全面集結，用妙招搞定惱人的居住細節 / 漂亮
家居編輯部著 . -- 一版 . -- 臺北市：麥浩斯出版：家
庭傳媒城邦分公司發行, 2018.04
　　　　面；　公分 . -- (Solution；105)
　　　　ISBN 978-986-408-372-5(平裝)

1. 家庭佈置 2. 室內設計 3. 空間設計

422.5　　　　　　　　　　　　　　　107003459